KB261731

공부 습관과 집중력을 길러 주는
단계별 계산력 향상 프로그램

비타민
계산법

소담 주니어

공부 습관과 집중력을 길러 주는
단계별, 계산력 향상 프로그램

비타민✳
계산법

2009년 1월 2일 초판 1쇄 펴냄

펴낸곳 | ㈜ 꿈소담이
펴낸이 | 김숙희
지은이 | 영재들의 창의학교

주소 | 136-023 서울특별시 성북구 성북동 1가 115-24 4층
전화 | 762-8566
팩스 | 762-8567
등록번호 | 제6-473호(2002년 9월 3일)

홈페이지 | www.dreamsodam.co.kr
전자우편 | isodam@dreamsodam.co.kr

● 책값은 뒤표지에 있습니다.

COVER DESIGN **THANKYOUMOTHER**

비타민 계산법만의
특별한 비밀

* 공부의 기초가 튼튼해져요

계산은 수학의 세계로 들어가는 관문입니다. 기초 계산 능력을 향상시킴으로써 숫자에 대한 감각을 익히고, 수학 공부의 기초를 튼튼히 할 수 있습니다. 그리고 수학은 논리적이고 합리적인 사고력과 문제 해결력을 길러 주는 학문이어서, 모든 학문에 기초 지식을 제공합니다. 수학 기초가 튼튼한 아이는 모든 공부를 쉽게 할 수 있습니다.

* 숫자에 대한 감각을 익히고 두뇌를 발달시켜요

계산은 아이의 뇌를 자극하여 두뇌를 발달시킵니다. 그리고 반복적으로 충분히 연습하다 보면 아이 스스로 숫자에 대한 감각을 익히고 계산의 논리를 깨우치게 됩니다. 공부는 누구나 익힐 수 있는 기술입니다. 공부를 잘하는 아이는 머리가 좋아서가 아니라 공부하는 기술을 터득한 것입니다.

* 집중력이 향상되어 공부 습관이 길러져요

시간을 재면서 문제를 풀다 보면 아이가 긴장하여 집중력이 생기고 학습 의욕이 생깁니다. 학습 의욕은 공부 습관으로 이어져 매일 조금씩 공부를 하다 보면 올바른 학습 습관을 형성하게 되고, 다른 공부까지 잘할 수 있는 학습 전이 현상을 경험할 수 있습니다.

* 성취감을 느껴 공부가 재미있어요

하루하루 늘어 가는 실력에 아이 스스로 놀라게 되고, 성취감을 맛본 아이는 공부에 재미를 느끼게 됩니다. 많은 문제를 경험하면서 자신감이 생긴 아이는 학습 의욕이 생겨, 공부하라고 다그치지 않아도 스스로 공부하는 아이가 됩니다.

* 단계별 학습으로 실력이 느는 게 보여요

『비타민 계산법』은 유아수학을 1~20단계, 초등수학을 21~120단계로 구성, 단계별로 완성도 있는 학습이 되도록 체계적으로 구성되어 있습니다. 단계에 따라 구체적인 학습 목표가 제시되어 있으며, 각 단계마다 10회의 반복 학습으로 충분히 연습할 수 있습니다. 기초-실력-완성편으로 구성된 학습을 하다 보면 점진적으로 실력을 향상시킬 수 있습니다.

비타민 계산법 100% 활용법—
이렇게 지도해 주세요

1 능력에 맞는 단계에서 시작해 주세요

『비타민 계산법』은 실력에 따라 단계별로 구성된 교재입니다. 학년이나 나이와 상관없이 아이가 쉽게 느끼며 풀 수 있는 단계에서 시작해야 합니다. 그래야 아이가 공부에 대해 성취감과 자신감을 갖게 됩니다.

2 규칙적으로 꾸준히 공부할 수 있도록 해 주세요

단 10분이라도 매일 꾸준히 정해진 분량을 풀 수 있도록 지도해 주세요. 규칙적으로, 하루도 빠짐없이 공부하는 것이 중요합니다. 그래야 올바른 공부 습관을 몸에 익힐 수 있습니다.

3 계산 원리를 이해한 후 문제를 풀 수 있도록 해 주세요

기초적인 원리를 터득해야 논리적이고 합리적인 사고력을 기를 수 있습니다. 기초 원리를 이해하지 못한 채 기계적으로 문제를 풀다 보면, 응용된 문제를 만났을 경우 아이가 무척 어려워합니다. 계산이 느리고 집중력이 떨어지는 아이도 원리를 이해하면 학습에 흥미를 느끼게 됩니다.

4 완전 학습이 되도록 해 주세요

아이가 완전히 이해한 후 다음 단계로 넘어가 주세요. 능력에 맞는 학습 분량과 학습 시간을 체크해 가면서 학습 목표를 100% 달성하는 것이 중요합니다. 정답 확인을 하면서 내 아이에게 부족한 것이 무엇인지 꼼꼼히 체크해 보고, 주어진 학습 목표를 완전히 이해했는지 확인한 후 차근차근 다음 단계로 넘어가 주세요.

5 정해진 시간에 정해진 분량을 풀 수 있도록 지도해 주세요

시간을 재가면서 문제를 풀어야 정확성과 함께 속도 훈련을 할 수 있습니다. 문제를 빨리 풀면서 또한 정확하게 풀 수 있도록 반복적으로 학습시켜 주세요.

6 풀이 과정을 정확하게 적도록 해 주세요

계산 원리를 제대로 이해했는지 알 수 있도록 해 주는 것이 풀이 과정입니다. 어디를 모르는지, 어디서 잘못 풀었는지 알기 위해서는 풀이 과정을 지우지 말고 그대로 두어야 합니다. 아이가 틀리는 문제의 풀이 과정을 꼼꼼하게 살핀 후 부족한 부분을 지도해 주세요.

7 아이에게 칭찬과 격려를 해 주세요

아이가 조금 부족하더라도 칭찬과 격려를 해 주세요. 자신감이 생겨야 공부에 재미를 느끼게 되고, 성취감을 느끼게 됩니다.

비타민 계산법 시리즈
전 12권의 차례

비타민 계산법 시리즈 전 12권의 차례

비타민D 계산법
초등수학 계산법

비타민 계산법 시리즈 전 12권의 차례

■ 학습 일정 관리표

	공부한 날	정답수	오답수	소요시간	표준완성시간
31-01호				분 초	
31-02호				분 초	
31-03호				분 초	
31-04호				분 초	1,2학년 : 2분이내
31-05호				분 초	
31-06호				분 초	3,4학년 : 50초이내
31-07호				분 초	
31-08호				분 초	5,6학년 : 35초이내
31-09호				분 초	
31-10호				분 초	

받아올림이 없는 두 자리 수끼리의 덧셈은 일의 자리 수끼리 더하여 일의 자리에 쓰고, 십의 자리 수끼리 더하여 십의 자리에 씁니다.

⊙ **세로셈 계산**

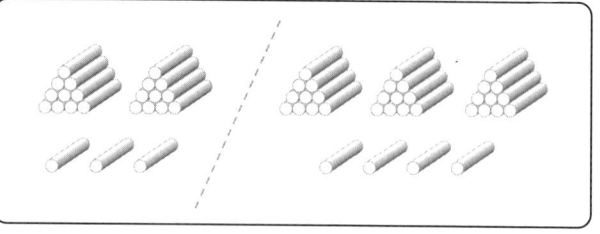

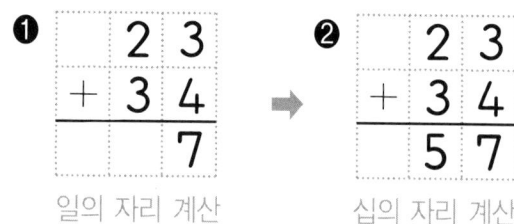

❶ 일의 자리 계산   ❷ 십의 자리 계산

❶ 일의 자리 수 3과 4를 더하여 일의 자리에 7을 쓰고,

❷ 십의 자리 수 2와 3을 더하여 십의 자리에 5를 씁니다.

⊙ **가로셈 계산**

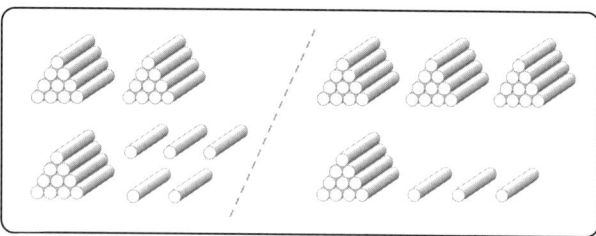

$$(30 + 40)$$

$$35 + 43 = \boxed{70} + \boxed{8} = \boxed{78}$$

$$(5 + 3)$$

❶ 십의 자리 30과 40을 더하여 70을 쓰고,

❷ 일의 자리 5와 3을 더한 수 8을 쓰고,

❸ 70과 8을 더합니다.

지도내용   세로셈을 할 경우에 일의 자리는 일의 자리에, 십의 자리는 십의 자리에 정확히 쓰도록 지도합니다.

받아올림이 없는
두 자 리 수 + 두 자 리 수

분   초
/25

■ 다음 덧셈을 하시오.

①
```
    4 3
+   2 2
```

②
```
    3 5
+   4 2
```

③
```
    2 5
+   6 4
```

④
```
    6 3
+   2 1
```

⑤
```
    5 7
+   3 2
```

⑥
```
    2 6
+   5 2
```

⑦
```
    6 3
+   1 5
```

⑧
```
    1 3
+   3 6
```

⑨
```
    3 4
+   6 2
```

⑩
```
    2 8
+   2 1
```

⑪
```
    6 2
+   3 7
```

⑫
```
    2 3
+   3 4
```

⑬
```
    2 6
+   4 3
```

⑭
```
    5 5
+   1 3
```

⑮
```
    4 2
+   3 6
```

⑯
```
    5 3
+   4 3
```

⑰
```
    2 1
+   7 5
```

⑱
```
    3 4
+   5 4
```

⑲
```
    7 2
+   2 5
```

⑳
```
    4 2
+   5 3
```

㉑
```
    3 4
+   3 5
```

㉒
```
    5 2
+   2 4
```

㉓
```
    1 2
+   8 2
```

㉔
```
    4 1
+   4 6
```

㉕
```
    3 4
+   2 3
```

■ 다음 덧셈을 하시오.

①
$$\begin{array}{r} 3\ 1 \\ +\ 1\ 2 \\ \hline \end{array}$$

②
$$\begin{array}{r} 8\ 2 \\ +\ 1\ 6 \\ \hline \end{array}$$

③
$$\begin{array}{r} 6\ 3 \\ +\ 1\ 4 \\ \hline \end{array}$$

④
$$\begin{array}{r} 5\ 7 \\ +\ 3\ 1 \\ \hline \end{array}$$

⑤
$$\begin{array}{r} 6\ 4 \\ +\ 2\ 5 \\ \hline \end{array}$$

⑥
$$\begin{array}{r} 7\ 5 \\ +\ 1\ 1 \\ \hline \end{array}$$

⑦
$$\begin{array}{r} 1\ 2 \\ +\ 6\ 4 \\ \hline \end{array}$$

⑧
$$\begin{array}{r} 3\ 2 \\ +\ 6\ 7 \\ \hline \end{array}$$

⑨
$$\begin{array}{r} 5\ 3 \\ +\ 2\ 6 \\ \hline \end{array}$$

⑩
$$\begin{array}{r} 4\ 3 \\ +\ 2\ 3 \\ \hline \end{array}$$

⑪
$$\begin{array}{r} 7\ 2 \\ +\ 2\ 2 \\ \hline \end{array}$$

⑫
$$\begin{array}{r} 3\ 3 \\ +\ 2\ 5 \\ \hline \end{array}$$

⑬
$$\begin{array}{r} 1\ 6 \\ +\ 4\ 2 \\ \hline \end{array}$$

⑭
$$\begin{array}{r} 4\ 2 \\ +\ 5\ 3 \\ \hline \end{array}$$

⑮
$$\begin{array}{r} 2\ 5 \\ +\ 6\ 3 \\ \hline \end{array}$$

⑯
$$\begin{array}{r} 4\ 5 \\ +\ 5\ 2 \\ \hline \end{array}$$

⑰
$$\begin{array}{r} 3\ 1 \\ +\ 4\ 8 \\ \hline \end{array}$$

⑱
$$\begin{array}{r} 5\ 7 \\ +\ 3\ 2 \\ \hline \end{array}$$

⑲
$$\begin{array}{r} 2\ 4 \\ +\ 3\ 3 \\ \hline \end{array}$$

⑳
$$\begin{array}{r} 2\ 4 \\ +\ 5\ 2 \\ \hline \end{array}$$

㉑
$$\begin{array}{r} 1\ 4 \\ +\ 8\ 4 \\ \hline \end{array}$$

㉒
$$\begin{array}{r} 4\ 2 \\ +\ 2\ 5 \\ \hline \end{array}$$

㉓
$$\begin{array}{r} 7\ 3 \\ +\ 2\ 2 \\ \hline \end{array}$$

㉔
$$\begin{array}{r} 3\ 5 \\ +\ 4\ 4 \\ \hline \end{array}$$

㉕
$$\begin{array}{r} 5\ 6 \\ +\ 4\ 3 \\ \hline \end{array}$$

받아올림이 없는

두 자리 수 + 두 자리 수

분   초

/25

■ 다음 덧셈을 하시오.

①
$$\begin{array}{r} 6\ 3 \\ +\ 2\ 4 \\ \hline \end{array}$$

②
$$\begin{array}{r} 2\ 5 \\ +\ 5\ 2 \\ \hline \end{array}$$

③
$$\begin{array}{r} 5\ 2 \\ +\ 4\ 6 \\ \hline \end{array}$$

④
$$\begin{array}{r} 4\ 4 \\ +\ 2\ 5 \\ \hline \end{array}$$

⑤
$$\begin{array}{r} 2\ 1 \\ +\ 7\ 3 \\ \hline \end{array}$$

⑥
$$\begin{array}{r} 2\ 1 \\ +\ 6\ 4 \\ \hline \end{array}$$

⑦
$$\begin{array}{r} 4\ 2 \\ +\ 3\ 2 \\ \hline \end{array}$$

⑧
$$\begin{array}{r} 5\ 4 \\ +\ 1\ 2 \\ \hline \end{array}$$

⑨
$$\begin{array}{r} 1\ 6 \\ +\ 2\ 3 \\ \hline \end{array}$$

⑩
$$\begin{array}{r} 3\ 2 \\ +\ 2\ 1 \\ \hline \end{array}$$

⑪
$$\begin{array}{r} 4\ 3 \\ +\ 4\ 5 \\ \hline \end{array}$$

⑫
$$\begin{array}{r} 2\ 4 \\ +\ 2\ 3 \\ \hline \end{array}$$

⑬
$$\begin{array}{r} 3\ 6 \\ +\ 6\ 2 \\ \hline \end{array}$$

⑭
$$\begin{array}{r} 8\ 2 \\ +\ 1\ 3 \\ \hline \end{array}$$

⑮
$$\begin{array}{r} 3\ 7 \\ +\ 3\ 2 \\ \hline \end{array}$$

⑯
$$\begin{array}{r} 6\ 2 \\ +\ 3\ 4 \\ \hline \end{array}$$

⑰
$$\begin{array}{r} 5\ 3 \\ +\ 2\ 2 \\ \hline \end{array}$$

⑱
$$\begin{array}{r} 1\ 5 \\ +\ 6\ 3 \\ \hline \end{array}$$

⑲
$$\begin{array}{r} 3\ 4 \\ +\ 4\ 4 \\ \hline \end{array}$$

⑳
$$\begin{array}{r} 4\ 2 \\ +\ 5\ 7 \\ \hline \end{array}$$

㉑
$$\begin{array}{r} 5\ 3 \\ +\ 3\ 3 \\ \hline \end{array}$$

㉒
$$\begin{array}{r} 2\ 7 \\ +\ 3\ 1 \\ \hline \end{array}$$

㉓
$$\begin{array}{r} 3\ 2 \\ +\ 5\ 5 \\ \hline \end{array}$$

㉔
$$\begin{array}{r} 2\ 3 \\ +\ 4\ 6 \\ \hline \end{array}$$

㉕
$$\begin{array}{r} 7\ 5 \\ +\ 2\ 4 \\ \hline \end{array}$$

받아올림이 없는
두 자 리 수 + 두 자 리 수

분	초
	/25

■ 다음 덧셈을 하시오.

①
$$\begin{array}{r} 5\ 5 \\ +\ 4\ 3 \\ \hline \end{array}$$

②
$$\begin{array}{r} 4\ 2 \\ +\ 2\ 3 \\ \hline \end{array}$$

③
$$\begin{array}{r} 2\ 7 \\ +\ 5\ 2 \\ \hline \end{array}$$

④
$$\begin{array}{r} 6\ 3 \\ +\ 1\ 5 \\ \hline \end{array}$$

⑤
$$\begin{array}{r} 3\ 6 \\ +\ 2\ 2 \\ \hline \end{array}$$

⑥
$$\begin{array}{r} 6\ 3 \\ +\ 2\ 4 \\ \hline \end{array}$$

⑦
$$\begin{array}{r} 2\ 5 \\ +\ 4\ 2 \\ \hline \end{array}$$

⑧
$$\begin{array}{r} 5\ 4 \\ +\ 2\ 3 \\ \hline \end{array}$$

⑨
$$\begin{array}{r} 3\ 1 \\ +\ 6\ 1 \\ \hline \end{array}$$

⑩
$$\begin{array}{r} 4\ 2 \\ +\ 1\ 2 \\ \hline \end{array}$$

⑪
$$\begin{array}{r} 2\ 2 \\ +\ 7\ 4 \\ \hline \end{array}$$

⑫
$$\begin{array}{r} 1\ 6 \\ +\ 4\ 3 \\ \hline \end{array}$$

⑬
$$\begin{array}{r} 4\ 2 \\ +\ 3\ 7 \\ \hline \end{array}$$

⑭
$$\begin{array}{r} 3\ 1 \\ +\ 3\ 5 \\ \hline \end{array}$$

⑮
$$\begin{array}{r} 2\ 3 \\ +\ 2\ 6 \\ \hline \end{array}$$

⑯
$$\begin{array}{r} 4\ 3 \\ +\ 5\ 1 \\ \hline \end{array}$$

⑰
$$\begin{array}{r} 2\ 5 \\ +\ 3\ 4 \\ \hline \end{array}$$

⑱
$$\begin{array}{r} 5\ 4 \\ +\ 3\ 2 \\ \hline \end{array}$$

⑲
$$\begin{array}{r} 3\ 2 \\ +\ 4\ 5 \\ \hline \end{array}$$

⑳
$$\begin{array}{r} 1\ 3 \\ +\ 7\ 3 \\ \hline \end{array}$$

㉑
$$\begin{array}{r} 7\ 4 \\ +\ 2\ 5 \\ \hline \end{array}$$

㉒
$$\begin{array}{r} 4\ 3 \\ +\ 4\ 2 \\ \hline \end{array}$$

㉓
$$\begin{array}{r} 3\ 2 \\ +\ 5\ 6 \\ \hline \end{array}$$

㉔
$$\begin{array}{r} 2\ 1 \\ +\ 6\ 7 \\ \hline \end{array}$$

㉕
$$\begin{array}{r} 6\ 4 \\ +\ 3\ 4 \\ \hline \end{array}$$

■ 다음 덧셈을 하시오.

① 2 6
+ 3 1

② 3 7
+ 6 2

③ 5 2
+ 3 6

④ 1 5
+ 6 2

⑤ 6 4
+ 3 2

⑥ 4 2
+ 2 2

⑦ 7 5
+ 2 3

⑧ 2 4
+ 4 3

⑨ 5 3
+ 4 3

⑩ 3 5
+ 2 1

⑪ 3 4
+ 4 4

⑫ 1 3
+ 2 5

⑬ 6 2
+ 2 7

⑭ 2 5
+ 7 4

⑮ 4 2
+ 3 3

⑯ 2 6
+ 6 2

⑰ 3 2
+ 5 4

⑱ 2 3
+ 2 6

⑲ 1 2
+ 3 1

⑳ 4 3
+ 4 4

㉑ 2 3
+ 5 2

㉒ 5 4
+ 2 5

㉓ 7 6
+ 1 3

㉔ 3 2
+ 3 5

㉕ 4 8
+ 5 1

받아올림이 없는
두 자 리 수 + 두 자 리 수

분   초
/25

■ 다음 덧셈을 하시오.

① 2 6
+ 5 3

② 4 3
+ 2 3

③ 2 1
+ 2 5

④ 3 5
+ 1 4

⑤ 5 2
+ 2 3

⑥ 4 5
+ 3 2

⑦ 6 3
+ 3 5

⑧ 2 4
+ 3 4

⑨ 5 3
+ 3 2

⑩ 3 6
+ 5 2

⑪ 6 2
+ 2 4

⑫ 3 2
+ 2 6

⑬ 1 5
+ 7 3

⑭ 4 1
+ 4 4

⑮ 2 4
+ 4 2

⑯ 4 3
+ 1 6

⑰ 3 1
+ 3 8

⑱ 5 2
+ 4 7

⑲ 2 4
+ 7 3

⑳ 7 1
+ 2 1

㉑ 3 2
+ 4 5

㉒ 4 3
+ 5 4

㉓ 5 7
+ 1 2

㉔ 2 4
+ 6 5

㉕ 3 2
+ 6 2

■ 다음 덧셈을 하시오.

①
```
    4 1
  + 2 3
```

②
```
    2 6
  + 4 2
```

③
```
    5 3
  + 3 6
```

④
```
    3 2
  + 5 4
```

⑤
```
    2 7
  + 7 1
```

⑥
```
    2 4
  + 3 2
```

⑦
```
    6 2
  + 1 5
```

⑧
```
    4 3
  + 3 3
```

⑨
```
    5 1
  + 4 1
```

⑩
```
    7 4
  + 2 4
```

⑪
```
    1 3
  + 5 2
```

⑫
```
    3 5
  + 2 4
```

⑬
```
    3 2
  + 6 2
```

⑭
```
    2 5
  + 6 2
```

⑮
```
    4 2
  + 5 7
```

⑯
```
    4 3
  + 4 4
```

⑰
```
    4 6
  + 1 3
```

⑱
```
    2 4
  + 2 3
```

⑲
```
    3 2
  + 3 6
```

⑳
```
    6 8
  + 2 1
```

㉑
```
    2 5
  + 5 3
```

㉒
```
    6 2
  + 3 3
```

㉓
```
    5 4
  + 2 5
```

㉔
```
    2 3
  + 1 5
```

㉕
```
    3 7
  + 4 2
```

받아올림이 없는
두 자리 수 + 두 자리 수

분   초
/25

■ 다음 덧셈을 하시오.

①
$$\begin{array}{r} 6\ 5 \\ +\ 2\ 1 \\ \hline \end{array}$$

②
$$\begin{array}{r} 3\ 4 \\ +\ 2\ 5 \\ \hline \end{array}$$

③
$$\begin{array}{r} 5\ 2 \\ +\ 2\ 6 \\ \hline \end{array}$$

④
$$\begin{array}{r} 2\ 5 \\ +\ 6\ 2 \\ \hline \end{array}$$

⑤
$$\begin{array}{r} 4\ 7 \\ +\ 2\ 2 \\ \hline \end{array}$$

⑥
$$\begin{array}{r} 7\ 3 \\ +\ 2\ 5 \\ \hline \end{array}$$

⑦
$$\begin{array}{r} 5\ 2 \\ +\ 3\ 2 \\ \hline \end{array}$$

⑧
$$\begin{array}{r} 2\ 4 \\ +\ 3\ 4 \\ \hline \end{array}$$

⑨
$$\begin{array}{r} 3\ 3 \\ +\ 6\ 3 \\ \hline \end{array}$$

⑩
$$\begin{array}{r} 7\ 6 \\ +\ 1\ 2 \\ \hline \end{array}$$

⑪
$$\begin{array}{r} 5\ 3 \\ +\ 4\ 2 \\ \hline \end{array}$$

⑫
$$\begin{array}{r} 3\ 1 \\ +\ 3\ 4 \\ \hline \end{array}$$

⑬
$$\begin{array}{r} 2\ 3 \\ +\ 2\ 6 \\ \hline \end{array}$$

⑭
$$\begin{array}{r} 1\ 1 \\ +\ 7\ 8 \\ \hline \end{array}$$

⑮
$$\begin{array}{r} 4\ 2 \\ +\ 3\ 4 \\ \hline \end{array}$$

⑯
$$\begin{array}{r} 2\ 5 \\ +\ 7\ 3 \\ \hline \end{array}$$

⑰
$$\begin{array}{r} 3\ 4 \\ +\ 5\ 3 \\ \hline \end{array}$$

⑱
$$\begin{array}{r} 1\ 2 \\ +\ 6\ 5 \\ \hline \end{array}$$

⑲
$$\begin{array}{r} 4\ 3 \\ +\ 5\ 4 \\ \hline \end{array}$$

⑳
$$\begin{array}{r} 2\ 6 \\ +\ 4\ 3 \\ \hline \end{array}$$

㉑
$$\begin{array}{r} 4\ 2 \\ +\ 4\ 3 \\ \hline \end{array}$$

㉒
$$\begin{array}{r} 1\ 5 \\ +\ 2\ 4 \\ \hline \end{array}$$

㉓
$$\begin{array}{r} 2\ 4 \\ +\ 5\ 2 \\ \hline \end{array}$$

㉔
$$\begin{array}{r} 3\ 2 \\ +\ 4\ 7 \\ \hline \end{array}$$

㉕
$$\begin{array}{r} 6\ 3 \\ +\ 3\ 1 \\ \hline \end{array}$$

받아올림이 없는
두 자리 수 + 두 자리 수

분   초
/25

■ 다음 덧셈을 하시오.

①	3 8	②	2 6	③	3 5	④	4 1	⑤	2 3
	+ 6 1		+ 4 3		+ 5 2		+ 1 5		+ 6 3

⑥	3 2	⑦	2 4	⑧	5 2	⑨	7 3	⑩	6 1
	+ 2 3		+ 3 2		+ 2 6		+ 2 6		+ 3 1

⑪	6 2	⑫	1 3	⑬	2 4	⑭	4 2	⑮	3 5
	+ 2 3		+ 6 2		+ 5 4		+ 5 2		+ 3 3

⑯	4 2	⑰	3 5	⑱	2 3	⑲	4 1	⑳	5 2
	+ 4 7		+ 4 4		+ 1 4		+ 2 3		+ 3 5

㉑	2 4	㉒	4 2	㉓	5 6	㉔	6 7	㉕	2 3
	+ 2 5		+ 3 4		+ 4 2		+ 1 2		+ 7 5

받아올림이 없는
두 자 리 수 + 두 자 리 수

분   초
/25

■ 다음 덧셈을 하시오.

①
```
   3 4
 + 1 5
```

②
```
   2 4
 + 3 4
```

③
```
   6 3
 + 3 2
```

④
```
   4 5
 + 2 3
```

⑤
```
   5 6
 + 2 2
```

⑥
```
   3 4
 + 6 2
```

⑦
```
   3 2
 + 2 6
```

⑧
```
   2 7
 + 6 2
```

⑨
```
   3 4
 + 5 4
```

⑩
```
   4 2
 + 4 3
```

⑪
```
   5 2
 + 3 2
```

⑫
```
   8 5
 + 1 1
```

⑬
```
   2 3
 + 2 6
```

⑭
```
   4 2
 + 3 7
```

⑮
```
   1 3
 + 4 3
```

⑯
```
   3 4
 + 3 5
```

⑰
```
   1 3
 + 2 5
```

⑱
```
   4 2
 + 5 4
```

⑲
```
   5 5
 + 4 2
```

⑳
```
   2 5
 + 5 4
```

㉑
```
   2 6
 + 7 3
```

㉒
```
   7 2
 + 2 5
```

㉓
```
   2 7
 + 4 1
```

㉔
```
   6 3
 + 2 4
```

㉕
```
   3 1
 + 4 8
```

3 2 단계

■ 학습 일정 관리표

	공부한 날	정답수	오답수	소요시간	표준완성시간
32-01호				분 초	
32-02호				분 초	
32-03호				분 초	
32-04호				분 초	1,2학년 : 2분이내
32-05호				분 초	
32-06호				분 초	3,4학년 : 50초이내
32-07호				분 초	
32-08호				분 초	5,6학년 : 35초이내
32-09호				분 초	
32-10호				분 초	

받아내림이 없는
두 자 리 수 - 두 자 리 수

받아내림이 없는 두 자리 수끼리의 뺄셈은 일의 자리 수끼리 뺄셈하여 일의
자리에 쓰고, 십의 자리 수끼리 뺄셈하여 십의 자리에 씁니다.

⊙ **세로셈 계산**

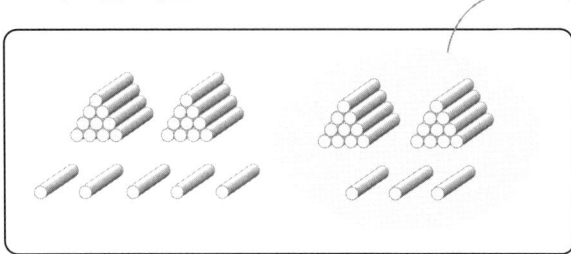

❶
일의 자리 계산

❷
십의 자리 계산

❶ 일의 자리의 수 8에서 3을 빼어 일의 자리에 5를 쓰고,

❷ 십의 자리의 수 4에서 2를 빼어 십의 자리에 2를 씁니다.

⊙ **가로셈 계산**

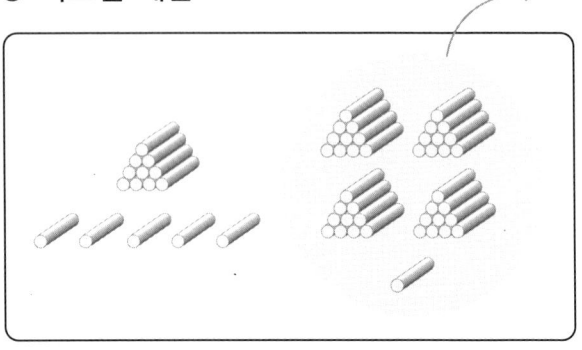

$$(50 - 40)$$
$$56 - 41 = \boxed{10} + \boxed{5} = \boxed{15}$$
$$(6 - 1)$$

❶ 십의 자리 50에서 40을 뺀 수 10을

❷ 일의 자리 6에서 1을 뺀 수 5를 쓰고,

❸ 10과 5를 더합니다.

지도내용 세로셈을 할 경우에 일의 자리는 일의 자리에, 십의 자리는 십의 자리에 정확히 쓰도록
지도합니다.

■ 다음 뺄셈을 하시오.

① 39
  - 12

② 64
  - 21

③ 58
  - 24

④ 87
  - 32

⑤ 79
  - 46

⑥ 89
  - 27

⑦ 48
  - 25

⑧ 74
  - 62

⑨ 59
  - 35

⑩ 97
  - 23

⑪ 87
  - 65

⑫ 98
  - 72

⑬ 65
  - 14

⑭ 96
  - 53

⑮ 79
  - 24

⑯ 28
  - 13

⑰ 97
  - 34

⑱ 79
  - 52

⑲ 68
  - 36

⑳ 85
  - 42

㉑ 89
  - 53

㉒ 59
  - 27

㉓ 68
  - 47

㉔ 95
  - 63

㉕ 76
  - 34

받아내림이 없는

두 자리 수 – 두 자리 수

분   초

/25

■ 다음 뺄셈을 하시오.

①
```
  6 5
- 2 2
```

②
```
  7 5
- 5 1
```

③
```
  9 4
- 6 2
```

④
```
  8 7
- 2 5
```

⑤
```
  6 8
- 3 2
```

⑥
```
  9 6
- 5 4
```

⑦
```
  4 8
- 2 3
```

⑧
```
  8 9
- 1 6
```

⑨
```
  7 3
- 4 2
```

⑩
```
  8 9
- 3 2
```

⑪
```
  8 9
- 4 3
```

⑫
```
  6 3
- 4 1
```

⑬
```
  5 8
- 2 6
```

⑭
```
  9 7
- 1 2
```

⑮
```
  9 9
- 3 7
```

⑯
```
  7 8
- 3 5
```

⑰
```
  5 6
- 3 2
```

⑱
```
  6 9
- 5 4
```

⑲
```
  4 6
- 1 5
```

⑳
```
  8 5
- 5 3
```

㉑
```
  8 7
- 6 4
```

㉒
```
  4 9
- 3 5
```

㉓
```
  7 8
- 2 4
```

㉔
```
  9 6
- 7 3
```

㉕
```
  9 7
- 2 6
```

받아내림이 없는
두 자리 수 − 두 자리 수

분   초
/25

■ 다음 뺄셈을 하시오.

① 55 − 34

② 59 − 23

③ 84 − 31

④ 98 − 63

⑤ 79 − 37

⑥ 87 − 42

⑦ 79 − 48

⑧ 98 − 56

⑨ 26 − 12

⑩ 69 − 35

⑪ 89 − 64

⑫ 67 − 43

⑬ 85 − 12

⑭ 78 − 54

⑮ 58 − 25

⑯ 64 − 22

⑰ 87 − 21

⑱ 98 − 45

⑲ 76 − 23

⑳ 38 − 16

㉑ 98 − 72

㉒ 87 − 54

㉓ 45 − 23

㉔ 89 − 72

㉕ 96 − 34

■ 다음 뺄셈을 하시오.

① 87
 − 25

② 94
 − 73

③ 69
 − 32

④ 76
 − 24

⑤ 58
 − 32

⑥ 88
 − 36

⑦ 69
 − 23

⑧ 94
 − 62

⑨ 39
 − 16

⑩ 76
 − 65

⑪ 78
 − 31

⑫ 85
 − 42

⑬ 58
 − 13

⑭ 67
 − 42

⑮ 99
 − 24

⑯ 45
 − 23

⑰ 98
 − 54

⑱ 37
 − 23

⑲ 89
 − 67

⑳ 76
 − 42

㉑ 97
 − 44

㉒ 79
 − 51

㉓ 86
 − 53

㉔ 98
 − 35

㉕ 59
 − 25

받아내림이 없는
두 자리 수 - 두 자리 수

분   초
/25

■ 다음 뺄셈을 하시오.

① 46 - 23

② 67 - 42

③ 89 - 68

④ 28 - 12

⑤ 97 - 51

⑥ 96 - 61

⑦ 78 - 23

⑧ 64 - 52

⑨ 87 - 23

⑩ 69 - 35

⑪ 69 - 27

⑫ 96 - 42

⑬ 78 - 34

⑭ 59 - 24

⑮ 87 - 35

⑯ 76 - 54

⑰ 59 - 43

⑱ 87 - 54

⑲ 48 - 15

⑳ 95 - 23

㉑ 59 - 32

㉒ 98 - 37

㉓ 78 - 46

㉔ 67 - 45

㉕ 89 - 46

받아내림이 없는
두 자리 수 - 두 자리 수

분   초
/25

■ 다음 뺄셈을 하시오.

① 88 - 46

② 57 - 26

③ 94 - 72

④ 37 - 25

⑤ 89 - 14

⑥ 79 - 24

⑦ 85 - 22

⑧ 54 - 33

⑨ 98 - 62

⑩ 87 - 54

⑪ 68 - 23

⑫ 89 - 31

⑬ 79 - 52

⑭ 95 - 43

⑮ 59 - 15

⑯ 98 - 34

⑰ 36 - 12

⑱ 69 - 37

⑲ 47 - 23

⑳ 76 - 34

㉑ 96 - 53

㉒ 67 - 42

㉓ 89 - 63

㉔ 98 - 25

㉕ 75 - 44

■ 다음 뺄셈을 하시오.

① 7 9
  − 5 4

② 5 7
  − 3 1

③ 8 6
  − 5 3

④ 9 4
  − 6 3

⑤ 5 8
  − 2 4

⑥ 9 8
  − 7 2

⑦ 6 8
  − 3 7

⑧ 8 9
  − 2 3

⑨ 9 7
  − 5 2

⑩ 6 9
  − 2 7

⑪ 2 6
  − 1 4

⑫ 9 8
  − 4 3

⑬ 8 9
  − 6 2

⑭ 4 6
  − 2 1

⑮ 8 7
  − 4 5

⑯ 6 7
  − 4 3

⑰ 5 4
  − 2 1

⑱ 9 8
  − 3 5

⑲ 7 6
  − 2 2

⑳ 9 4
  − 8 2

㉑ 7 9
  − 4 5

㉒ 5 7
  − 3 4

㉓ 9 8
  − 2 6

㉔ 8 6
  − 3 5

㉕ 7 9
  − 3 6

■ 다음 뺄셈을 하시오.

① 　5 9
　− 4 6

② 　7 5
　− 2 1

③ 　9 8
　− 5 6

④ 　8 4
　− 1 2

⑤ 　6 5
　− 2 3

⑥ 　9 8
　− 7 3

⑦ 　6 5
　− 3 2

⑧ 　4 7
　− 2 4

⑨ 　6 9
　− 4 2

⑩ 　8 7
　− 2 6

⑪ 　8 9
　− 5 5

⑫ 　7 8
　− 3 2

⑬ 　9 7
　− 1 3

⑭ 　5 6
　− 3 2

⑮ 　8 9
　− 4 7

⑯ 　9 7
　− 2 5

⑰ 　3 6
　− 2 4

⑱ 　8 9
　− 6 3

⑲ 　7 8
　− 5 4

⑳ 　9 3
　− 4 1

㉑ 　8 8
　− 3 5

㉒ 　9 9
　− 3 4

㉓ 　5 6
　− 2 3

㉔ 　9 7
　− 6 2

㉕ 　7 9
　− 4 8

받아내림이 없는
두 자리 수 - 두 자리 수

분   초
/25

■ 다음 뺄셈을 하시오.

①
```
  7 6
- 3 4
```

②
```
  4 9
- 1 7
```

③
```
  8 6
- 2 3
```

④
```
  5 7
- 3 4
```

⑤
```
  9 8
- 4 7
```

⑥
```
  7 4
- 4 2
```

⑦
```
  5 9
- 1 6
```

⑧
```
  9 5
- 3 2
```

⑨
```
  4 8
- 2 2
```

⑩
```
  8 6
- 6 5
```

⑪
```
  9 7
- 5 2
```

⑫
```
  6 8
- 2 3
```

⑬
```
  8 9
- 4 2
```

⑭
```
  5 6
- 2 1
```

⑮
```
  4 8
- 3 6
```

⑯
```
  7 9
- 2 3
```

⑰
```
  9 6
- 2 2
```

⑱
```
  2 7
- 1 5
```

⑲
```
  8 8
- 3 4
```

⑳
```
  6 5
- 4 3
```

㉑
```
  9 7
- 7 3
```

㉒
```
  8 9
- 5 5
```

㉓
```
  9 7
- 6 1
```

㉔
```
  7 8
- 5 5
```

㉕
```
  6 9
- 3 4
```

받아내림이 없는
두 자리 수 - 두 자리 수

분   초
/25

■ 다음 뺄셈을 하시오.

① 　3 4
　－1 2

② 　7 6
　－4 1

③ 　9 8
　－6 3

④ 　4 9
　－2 5

⑤ 　8 5
　－5 2

⑥ 　9 6
　－5 2

⑦ 　8 8
　－4 2

⑧ 　3 9
　－2 8

⑨ 　5 7
　－3 5

⑩ 　8 9
　－2 6

⑪ 　7 9
　－5 1

⑫ 　9 7
　－4 2

⑬ 　7 8
　－3 6

⑭ 　8 9
　－1 4

⑮ 　9 6
　－7 3

⑯ 　6 9
　－2 7

⑰ 　5 6
　－2 4

⑱ 　7 9
　－6 3

⑲ 　9 5
　－3 4

⑳ 　6 7
　－3 3

㉑ 　6 8
　－4 4

㉒ 　8 9
　－3 2

㉓ 　9 7
　－2 4

㉔ 　7 5
　－2 3

㉕ 　8 8
　－6 5

■ 학습 일정 관리표

	공부한 날	정답수	오답수	소요시간	표준완성시간
33-01호				분 초	
33-02호				분 초	
33-03호				분 초	
33-04호				분 초	1,2학년 : 2분이내
33-05호				분 초	
33-06호				분 초	3,4학년 : 50초이내
33-07호				분 초	
33-08호				분 초	5,6학년 : 35초이내
33-09호				분 초	
33-10호				분 초	

받아올림이 있는
두 자리 수 + 한 자리 수

받아올림이 있는 두 자리 수 + 한 자리 수의 계산은 한 자리 수끼리의 덧셈과 같은 방식으로 계산합니다. 단, 세로셈일 경우에 십의 자리에 받아올림한 수에 주의하여 계산합니다.

◉ 세로셈 계산

❶
```
    4 5
  +   7
  ─────
      2
```
➡

❷
```
      [1]
    4 5
  +   7
  ─────
      2
```
일의 자리 계산
➡

❸
```
      [1]
    4 5
  +   7
  ─────
    5 2
```
십의 자리 계산

❶ 일의 자리의 수 5와 7을 더하면 12이므로, 12의 일의 자리 수 2를 일의 자리에 씁니다.
❷ 12의 십의 자리 수 1은 십의 자리에 받아올림하여 4 위에 작게 1을 씁니다.
❸ 십의 자리 수 4와 일의 자리에서 받아올린 1을 더한 수 5를 십의 자리에 씁니다.

◉ 가로셈 계산

$$28 + 9 = \boxed{20} + \boxed{17} = \boxed{37}$$

(20)
(8+9)

지도내용 일의 자리에서 받아올림한 십의 자리 수 1을 생각하지 않고 계산하는 경우가 있으므로 반드시 더하여 계산하도록 지도합니다.

■ 다음 덧셈을 하시오.

① 2 5
+   7

② 7 9
+   5

③ 3 7
+   8

④ 4 9
+   3

⑤ 6 8
+   9

⑥ 1 8
+   5

⑦ 8 6
+   8

⑧ 3 1
+   9

⑨ 2 3
+   7

⑩ 1 6
+   7

⑪ 6 3
+   8

⑫ 1 7
+   7

⑬ 7 5
+   6

⑭ 5 8
+   3

⑮ 4 7
+   9

⑯ 3 2
+   9

⑰ 6 6
+   4

⑱ 1 9
+   6

⑲ 8 9
+   8

⑳ 5 8
+   4

㉑ 5 7
+   4

㉒ 4 9
+   9

㉓ 7 8
+   2

㉔ 2 4
+   9

㉕ 8 8
+   8

■ 다음 덧셈을 하시오.

①	3 6
	+ 6

②	6 4
	+ 7

③	1 2
	+ 8

④	4 5
	+ 7

⑤	2 6
	+ 5

⑥	2 5
	+ 5

⑦	5 4
	+ 8

⑧	8 9
	+ 1

⑨	1 8
	+ 6

⑩	3 7
	+ 8

⑪	3 8
	+ 7

⑫	5 3
	+ 9

⑬	6 7
	+ 5

⑭	4 8
	+ 9

⑮	1 9
	+ 4

⑯	7 9
	+ 2

⑰	2 7
	+ 3

⑱	4 4
	+ 6

⑲	7 5
	+ 9

⑳	2 8
	+ 3

㉑	8 6
	+ 9

㉒	5 7
	+ 6

㉓	6 5
	+ 8

㉔	7 7
	+ 4

㉕	8 9
	+ 7

■ 다음 덧셈을 하시오.

①
```
   4 8
 +   5
```

②
```
   1 5
 +   7
```

③
```
   5 9
 +   3
```

④
```
   3 8
 +   6
```

⑤
```
   7 4
 +   9
```

⑥
```
   4 2
 +   9
```

⑦
```
   5 6
 +   4
```

⑧
```
   2 3
 +   8
```

⑨
```
   3 9
 +   5
```

⑩
```
   8 6
 +   7
```

⑪
```
   1 5
 +   6
```

⑫
```
   7 4
 +   8
```

⑬
```
   6 7
 +   7
```

⑭
```
   3 6
 +   9
```

⑮
```
   5 3
 +   7
```

⑯
```
   2 6
 +   8
```

⑰
```
   5 7
 +   9
```

⑱
```
   1 8
 +   4
```

⑲
```
   8 8
 +   2
```

⑳
```
   6 9
 +   8
```

㉑
```
   4 7
 +   6
```

㉒
```
   7 8
 +   3
```

㉓
```
   6 7
 +   4
```

㉔
```
   3 7
 +   8
```

㉕
```
   2 6
 +   5
```

■ 다음 덧셈을 하시오.

①
```
  7 8
+   6
```

②
```
  4 5
+   8
```

③
```
  2 4
+   7
```

④
```
  6 9
+   2
```

⑤
```
  1 6
+   5
```

⑥
```
  3 5
+   7
```

⑦
```
  7 9
+   1
```

⑧
```
  5 8
+   3
```

⑨
```
  3 7
+   8
```

⑩
```
  2 8
+   9
```

⑪
```
  1 9
+   4
```

⑫
```
  4 3
+   9
```

⑬
```
  2 8
+   8
```

⑭
```
  8 4
+   6
```

⑮
```
  5 9
+   7
```

⑯
```
  8 9
+   9
```

⑰
```
  7 8
+   4
```

⑱
```
  1 6
+   7
```

⑲
```
  4 5
+   9
```

⑳
```
  6 7
+   3
```

㉑
```
  4 8
+   7
```

㉒
```
  5 6
+   9
```

㉓
```
  6 9
+   5
```

㉔
```
  3 9
+   8
```

㉕
```
  8 6
+   6
```

■ 다음 덧셈을 하시오.

①　 6 3
　+ 　 8

②　 5 8
　+ 　 5

③　 8 7
　+ 　 7

④　 7 8
　+ 　 9

⑤　 6 5
　+ 　 5

⑥　 1 7
　+ 　 6

⑦　 8 5
　+ 　 9

⑧　 6 2
　+ 　 8

⑨　 5 7
　+ 　 5

⑩　 7 9
　+ 　 6

⑪　 4 9
　+ 　 9

⑫　 8 4
　+ 　 8

⑬　 6 4
　+ 　 9

⑭　 3 5
　+ 　 7

⑮　 1 8
　+ 　 8

⑯　 7 5
　+ 　 6

⑰　 4 7
　+ 　 8

⑱　 2 7
　+ 　 4

⑲　 2 9
　+ 　 3

⑳　 3 6
　+ 　 7

㉑　 5 1
　+ 　 9

㉒　 1 9
　+ 　 7

㉓　 4 6
　+ 　 8

㉔　 3 9
　+ 　 2

㉕　 8 4
　+ 　 7

받아올림이 있는
두 자리 수 + 한 자리 수

분   초
/25

■ 다음 덧셈을 하시오.

① 2 8 + 4

② 6 7 + 8

③ 1 3 + 8

④ 7 5 + 6

⑤ 8 9 + 1

⑥ 3 8 + 2

⑦ 2 5 + 8

⑧ 6 4 + 9

⑨ 7 2 + 9

⑩ 4 4 + 6

⑪ 8 9 + 8

⑫ 1 6 + 6

⑬ 4 8 + 7

⑭ 3 9 + 5

⑮ 5 7 + 4

⑯ 4 6 + 5

⑰ 2 3 + 9

⑱ 1 5 + 5

⑲ 6 8 + 6

⑳ 8 9 + 9

㉑ 3 7 + 5

㉒ 5 8 + 3

㉓ 6 6 + 9

㉔ 7 4 + 8

㉕ 5 9 + 2

받아올림이 있는
두 자리 수 + 한 자리 수

분   초

/25

■ 다음 덧셈을 하시오.

①
```
  5 5
+   7
-----
```

②
```
  2 9
+   7
-----
```

③
```
  1 8
+   4
-----
```

④
```
  3 8
+   6
-----
```

⑤
```
  4 7
+   3
-----
```

⑥
```
  3 7
+   5
-----
```

⑦
```
  8 3
+   9
-----
```

⑧
```
  5 8
+   7
-----
```

⑨
```
  7 6
+   5
-----
```

⑩
```
  2 4
+   8
-----
```

⑪
```
  8 3
+   7
-----
```

⑫
```
  7 7
+   8
-----
```

⑬
```
  6 8
+   9
-----
```

⑭
```
  7 5
+   8
-----
```

⑮
```
  1 7
+   6
-----
```

⑯
```
  2 5
+   6
-----
```

⑰
```
  1 4
+   7
-----
```

⑱
```
  4 8
+   5
-----
```

⑲
```
  6 9
+   3
-----
```

⑳
```
  5 9
+   4
-----
```

㉑
```
  6 7
+   9
-----
```

㉒
```
  7 6
+   9
-----
```

㉓
```
  4 9
+   8
-----
```

㉔
```
  3 8
+   3
-----
```

㉕
```
  8 6
+   7
-----
```

받아올림이 있는
두 자리 수 + 한 자리 수

분   초
/25

■ 다음 덧셈을 하시오.

①
```
    6 4
 +    9
```

②
```
    1 7
 +    7
```

③
```
    4 6
 +    4
```

④
```
    8 9
 +    7
```

⑤
```
    5 6
 +    8
```

⑥
```
    8 7
 +    4
```

⑦
```
    3 2
 +    9
```

⑧
```
    6 5
 +    9
```

⑨
```
    1 8
 +    3
```

⑩
```
    4 9
 +    9
```

⑪
```
    7 9
 +    5
```

⑫
```
    2 8
 +    2
```

⑬
```
    5 6
 +    7
```

⑭
```
    1 1
 +    9
```

⑮
```
    8 7
 +    5
```

⑯
```
    2 7
 +    9
```

⑰
```
    7 4
 +    6
```

⑱
```
    3 5
 +    5
```

⑲
```
    6 9
 +    2
```

⑳
```
    2 3
 +    8
```

㉑
```
    4 3
 +    7
```

㉒
```
    6 5
 +    8
```

㉓
```
    3 6
 +    6
```

㉔
```
    7 9
 +    6
```

㉕
```
    5 8
 +    8
```

■ 다음 덧셈을 하시오.

①　8 6
＋　　9

②　6 7
＋　　7

③　2 8
＋　　9

④　7 5
＋　　6

⑤　4 9
＋　　3

⑥　1 9
＋　　1

⑦　5 7
＋　　6

⑧　6 4
＋　　8

⑨　4 9
＋　　8

⑩　3 8
＋　　7

⑪　3 5
＋　　7

⑫　8 8
＋　　5

⑬　3 4
＋　　9

⑭　5 2
＋　　8

⑮　1 7
＋　　3

⑯　2 8
＋　　4

⑰　7 3
＋　　9

⑱　6 6
＋　　5

⑲　8 4
＋　　7

⑳　4 7
＋　　5

㉑　1 7
＋　　8

㉒　7 9
＋　　6

㉓　6 8
＋　　6

㉔　2 5
＋　　8

㉕　5 9
＋　　4

받아올림이 있는
두 자리 수 + 한 자리 수

분   초
/25

■ 다음 덧셈을 하시오.

①			②			③			④			⑤		
	2	7		4	8		6	4		7	9		5	3
+		8	+		2	+		7	+		5	+		8

⑥			⑦			⑧			⑨			⑩		
	8	6		1	4		3	9		5	5		4	9
+		8	+		9	+		6	+		7	+		4

⑪			⑫			⑬			⑭			⑮		
	6	7		2	9		8	5		3	4		1	6
+		5	+		7	+		9	+		8	+		6

⑯			⑰			⑱			⑲			⑳		
	1	7		4	6		2	8		5	6		7	2
+		9	+		4	+		8	+		7	+		9

㉑			㉒			㉓			㉔			㉕		
	7	8		3	7		4	8		6	9		8	7
+		5	+		6	+		3	+		9	+		4

34단계

■ 학습 일정 관리표

	공부한 날	정답수	오답수	소요시간	표준완성시간
34-01호				분 초	
34-02호				분 초	
34-03호				분 초	
34-04호				분 초	1,2학년 : 2분이내
34-05호				분 초	
34-06호				분 초	3,4학년 : 50초이내
34-07호				분 초	
34-08호				분 초	5,6학년 : 35초이내
34-09호				분 초	
34-10호				분 초	

받아내림이 있는 두 자리 수(몇 십 몇) – 한 자리 수(몇)의 계산은 십 몇 – 몇과 같은 방법으로 뺄셈을 합니다.

단, 일의 자리 수에서 뺄셈을 할 수 없으므로 십의 자리에서 받아내림합니다.

⊙ 세로셈 계산

일의 자리 계산   십의 자리 계산

❶ 일의 자리의 수 2에서 8은 뺄 수 없으므로 십의 자리에서 10을 빌려 옵니다.
    십의 자리는 3에서 1을 일의 자리에 주었으므로 3을 지우고 그 위에 작게 2를 씁니다.
❷ 일의 자리 수 그 위에 10을 작게 쓴 후, 12에서 8을 뺀 수 4를 일의 자리에 씁니다.
❸ 십의 자리에는 3위에 작게 쓴 2를 그대로 내려 씁니다.

⊙ 가로셈 계산

$$23 - 5 = \boxed{}$$

$$= 23 - \boxed{3} - \boxed{2}$$

$$= 20 - \boxed{2}$$

$$= 18$$

지도내용 받아내림하기 전의 십의 자리 수를 그대로 쓰거나 받아내림하기 전의 십의 자리 수와 받아내린 후의 십의 자리 수를 더하여 쓰는 실수를 하지 않도록 지도합니다.

■ 다음 뺄셈을 하시오.

| ① | 5 4
 − 　 5 | ② | 4 6
 − 　 8 | ③ | 2 1
 − 　 7 | ④ | 6 2
 − 　 9 | ⑤ | 8 2
 − 　 3 |

| ⑥ | 3 1
 − 　 8 | ⑦ | 5 3
 − 　 5 | ⑧ | 6 4
 − 　 9 | ⑨ | 8 1
 − 　 2 | ⑩ | 2 6
 − 　 7 |

| ⑪ | 6 2
 − 　 7 | ⑫ | 4 6
 − 　 9 | ⑬ | 7 2
 − 　 5 | ⑭ | 2 4
 − 　 8 | ⑮ | 3 2
 − 　 6 |

| ⑯ | 7 3
 − 　 8 | ⑰ | 8 4
 − 　 6 | ⑱ | 9 2
 − 　 4 | ⑲ | 3 5
 − 　 9 | ⑳ | 5 3
 − 　 6 |

| ㉑ | 4 8
 − 　 9 | ㉒ | 7 1
 − 　 6 | ㉓ | 9 2
 − 　 8 | ㉔ | 3 4
 − 　 7 | ㉕ | 8 1
 − 　 4 |

받아내림이 있는
두 자리 수 - 한 자리 수

분   초
/25

■ 다음 뺄셈을 하시오.

① 2 3
 － 9

② 5 1
 － 5

③ 3 7
 － 8

④ 9 2
 － 4

⑤ 4 5
 － 7

⑥ 9 1
 － 6

⑦ 6 4
 － 9

⑧ 2 1
 － 2

⑨ 3 6
 － 8

⑩ 5 3
 － 4

⑪ 4 2
 － 8

⑫ 5 4
 － 7

⑬ 8 1
 － 9

⑭ 8 5
 － 6

⑮ 4 7
 － 9

⑯ 8 3
 － 6

⑰ 3 5
 － 9

⑱ 7 4
 － 5

⑲ 6 3
 － 8

⑳ 5 2
 － 7

㉑ 2 4
 － 6

㉒ 7 3
 － 7

㉓ 7 5
 － 8

㉔ 6 2
 － 5

㉕ 4 1
 － 3

■ 다음 뺄셈을 하시오.

① 4 2
  −   5

② 2 5
  −   8

③ 3 2
  −   6

④ 6 6
  −   7

⑤ 7 1
  −   5

⑥ 3 5
  −   7

⑦ 9 2
  −   9

⑧ 2 7
  −   8

⑨ 4 3
  −   9

⑩ 5 1
  −   8

⑪ 7 1
  −   3

⑫ 8 3
  −   7

⑬ 5 6
  −   9

⑭ 4 5
  −   6

⑮ 2 3
  −   5

⑯ 3 5
  −   9

⑰ 6 1
  −   7

⑱ 5 2
  −   8

⑲ 9 3
  −   4

⑳ 9 1
  −   4

㉑ 8 2
  −   3

㉒ 8 1
  −   9

㉓ 7 3
  −   6

㉔ 6 4
  −   8

㉕ 5 7
  −   9

받아내림이 있는
두 자리 수 - 한 자리 수

분   초
/25

■ 다음 뺄셈을 하시오.

① 9 4
  −   7

② 6 2
  −   3

③ 3 6
  −   8

④ 2 4
  −   5

⑤ 7 1
  −   8

⑥ 2 6
  −   7

⑦ 4 6
  −   9

⑧ 3 2
  −   9

⑨ 5 1
  −   3

⑩ 8 5
  −   8

⑪ 8 2
  −   4

⑫ 7 5
  −   9

⑬ 5 4
  −   8

⑭ 8 4
  −   6

⑮ 4 2
  −   5

⑯ 3 1
  −   7

⑰ 9 2
  −   6

⑱ 6 1
  −   4

⑲ 5 2
  −   7

⑳ 4 3
  −   8

㉑ 8 1
  −   6

㉒ 2 3
  −   5

㉓ 6 8
  −   9

㉔ 9 5
  −   6

㉕ 7 4
  −   9

■ 다음 뺄셈을 하시오.

① 6 1
－　 2

② 9 2
－　 7

③ 5 4
－　 9

④ 4 3
－　 5

⑤ 3 4
－　 8

⑥ 4 6
－　 7

⑦ 2 1
－　 9

⑧ 2 4
－　 6

⑨ 3 7
－　 8

⑩ 9 3
－　 4

⑪ 8 7
－　 9

⑫ 7 4
－　 5

⑬ 4 6
－　 8

⑭ 3 3
－　 6

⑮ 8 5
－　 7

⑯ 4 1
－　 5

⑰ 6 4
－　 7

⑱ 7 3
－　 8

⑲ 9 5
－　 9

⑳ 5 1
－　 4

㉑ 6 2
－　 8

㉒ 8 3
－　 9

㉓ 7 2
－　 5

㉔ 2 3
－　 7

㉕ 5 2
－　 4

받아내림이 있는

두 자리 수 – 한 자리 수

분   초

/25

■ 다음 뺄셈을 하시오.

| ① | 3 5 − 6 | ② | 4 1 − 8 | ③ | 6 5 − 8 | ④ | 5 2 − 3 | ⑤ | 2 8 − 9 |

| ⑥ | 8 7 − 8 | ⑦ | 7 4 − 6 | ⑧ | 3 1 − 2 | ⑨ | 6 3 − 8 | ⑩ | 4 5 − 7 |

| ⑪ | 9 3 − 4 | ⑫ | 5 1 − 7 | ⑬ | 4 3 − 6 | ⑭ | 8 2 − 5 | ⑮ | 9 7 − 9 |

| ⑯ | 8 6 − 9 | ⑰ | 7 1 − 3 | ⑱ | 6 4 − 7 | ⑲ | 2 3 − 9 | ⑳ | 3 2 − 6 |

| ㉑ | 7 2 − 4 | ㉒ | 2 2 − 9 | ㉓ | 5 3 − 7 | ㉔ | 6 1 − 5 | ㉕ | 9 2 − 8 |

■ 다음 뺄셈을 하시오.

① 8 6
  −   8

② 4 2
  −   9

③ 3 1
  −   8

④ 5 5
  −   7

⑤ 7 3
  −   4

⑥ 4 1
  −   5

⑦ 8 4
  −   5

⑧ 2 2
  −   3

⑨ 3 6
  −   7

⑩ 4 5
  −   8

⑪ 6 1
  −   3

⑫ 5 3
  −   7

⑬ 9 4
  −   8

⑭ 2 1
  −   6

⑮ 9 8
  −   9

⑯ 3 2
  −   7

⑰ 5 1
  −   9

⑱ 2 6
  −   9

⑲ 8 1
  −   4

⑳ 9 5
  −   6

㉑ 7 5
  −   9

㉒ 6 3
  −   5

㉓ 9 2
  −   6

㉔ 6 4
  −   9

㉕ 7 1
  −   7

받아내림이 있는
두 자 리 수 - 한 자 리 수

분   초
/25

■ 다음 뺄셈을 하시오.

①
```
   6 4
 -   9
```

②
```
   8 3
 -   6
```

③
```
   9 1
 -   3
```

④
```
   5 2
 -   4
```

⑤
```
   2 6
 -   8
```

⑥
```
   3 7
 -   8
```

⑦
```
   4 2
 -   3
```

⑧
```
   2 4
 -   6
```

⑨
```
   7 1
 -   9
```

⑩
```
   9 2
 -   6
```

⑪
```
   7 3
 -   8
```

⑫
```
   4 4
 -   5
```

⑬
```
   2 7
 -   9
```

⑭
```
   6 1
 -   6
```

⑮
```
   3 6
 -   7
```

⑯
```
   8 5
 -   9
```

⑰
```
   6 2
 -   7
```

⑱
```
   5 1
 -   4
```

⑲
```
   3 4
 -   8
```

⑳
```
   7 2
 -   5
```

㉑
```
   6 3
 -   5
```

㉒
```
   8 2
 -   8
```

㉓
```
   5 4
 -   7
```

㉔
```
   9 3
 -   9
```

㉕
```
   4 1
 -   2
```

■ 다음 뺄셈을 하시오.

① 7 5
  -   7

② 9 3
  -   4

③ 5 1
  -   9

④ 3 5
  -   8

⑤ 4 3
  -   5

⑥ 4 5
  -   6

⑦ 8 2
  -   9

⑧ 3 7
  -   8

⑨ 6 1
  -   4

⑩ 2 4
  -   7

⑪ 5 3
  -   9

⑫ 2 1
  -   8

⑬ 9 2
  -   5

⑭ 8 6
  -   9

⑮ 7 1
  -   2

⑯ 6 3
  -   7

⑰ 9 7
  -   9

⑱ 3 1
  -   5

⑲ 7 3
  -   6

⑳ 2 2
  -   8

㉑ 5 4
  -   6

㉒ 8 3
  -   8

㉓ 4 1
  -   7

㉔ 3 2
  -   4

㉕ 6 8
  -   9

받아내림이 있는
두 자리 수 – 한 자리 수

분   초
/25

■ 다음 뺄셈을 하시오.

①
```
   8 2
 -   6
```

②
```
   3 3
 -   7
```

③
```
   4 6
 -   8
```

④
```
   2 5
 -   9
```

⑤
```
   5 4
 -   5
```

⑥
```
   8 4
 -   9
```

⑦
```
   3 6
 -   7
```

⑧
```
   7 2
 -   5
```

⑨
```
   6 1
 -   5
```

⑩
```
   9 5
 -   6
```

⑪
```
   9 2
 -   4
```

⑫
```
   7 8
 -   9
```

⑬
```
   3 5
 -   7
```

⑭
```
   5 1
 -   8
```

⑮
```
   6 2
 -   9
```

⑯
```
   4 5
 -   8
```

⑰
```
   2 2
 -   7
```

⑱
```
   7 1
 -   6
```

⑲
```
   2 6
 -   9
```

⑳
```
   9 1
 -   3
```

㉑
```
   8 1
 -   7
```

㉒
```
   5 2
 -   3
```

㉓
```
   2 3
 -   9
```

㉔
```
   6 4
 -   8
```

㉕
```
   4 3
 -   4
```

35단계

■ 학습 일정 관리표

	공부한 날	정답수	오답수	소요시간	표준완성시간
35-01호				분 초	
35-02호				분 초	
35-03호				분 초	
35-04호				분 초	1,2학년 : 4분이내
35-05호				분 초	
35-06호				분 초	3,4학년 : 2분이내
35-07호				분 초	
35-08호				분 초	5,6학년 : 1분이내
35-09호				분 초	
35-10호				분 초	

35단계

일의 자리에서 받아올림이 있는
두 자리 수 + 두 자리 수

두 자리 수의 덧셈과정에서 일의 자리에서 받아올림이 있는 (두 자리 수) + (두 자리 수)의 계산은 십의 자리에 1을 받아올림하여 십의 자리끼리 더할 때 같이 더하기를 합니다.

⊙ 일의 자리에서 받아올림이 있는 덧셈

❶ 일의 자리 수 8과 6을 더하면 14이므로 14의 일의 자리 수 4를 일의 자리에 쓰고,
❷ 14의 십의 자리 수 1을 받아올림하여 십의 자리 수 3 위에 작게 쓰고,
❸ 십의 자리 수 3과 2의 합인 5에 일의 자리에서 받아올린 1을 더한 수 6을 십의 자리에 씁니다.

⊙ 가로셈 계산

$$(30 + 20)$$

$$38 + 25 = \boxed{50} + \boxed{13} = \boxed{63}$$

$$(8 + 5)$$

지도내용 일의 자리에서 받아올림이 있는 두 자리 수의 덧셈은 십의 자리에 받아올린 수를 반드시 더하도록 지도합니다.

■ 다음 덧셈을 하시오.

①
```
  2 9
+ 4 3
```

②
```
  4 5
+ 1 7
```

③
```
  1 2
+ 2 8
```

④
```
  7 6
+ 1 5
```

⑤
```
  3 7
+ 5 6
```

⑥
```
  5 9
+ 2 4
```

⑦
```
  1 1
+ 7 9
```

⑧
```
  3 7
+ 1 5
```

⑨
```
  2 4
+ 2 6
```

⑩
```
  4 7
+ 2 3
```

⑪
```
  2 4
+ 3 8
```

⑫
```
  1 9
+ 3 5
```

⑬
```
  4 6
+ 4 8
```

⑭
```
  2 7
+ 5 7
```

⑮
```
  5 7
+ 1 9
```

⑯
```
  3 5
+ 4 5
```

⑰
```
  6 8
+ 2 8
```

⑱
```
  2 7
+ 6 4
```

⑲
```
  1 3
+ 5 9
```

⑳
```
  3 8
+ 3 6
```

㉑
```
  5 5
+ 3 9
```

㉒
```
  1 6
+ 6 6
```

㉓
```
  3 9
+ 2 7
```

㉔
```
  4 8
+ 3 4
```

㉕
```
  6 9
+ 1 9
```

일의 자리에서 받아올림이 있는
두 자리 수 + 두 자리 수

분   초
/25

■ 다음 덧셈을 하시오.

①
```
   3 5
 + 2 7
```

②
```
   2 7
 + 5 8
```

③
```
   6 8
 + 2 5
```

④
```
   4 3
 + 3 7
```

⑤
```
   3 9
 + 1 5
```

⑥
```
   4 3
 + 2 8
```

⑦
```
   3 4
 + 3 7
```

⑧
```
   1 2
 + 4 9
```

⑨
```
   2 6
 + 2 4
```

⑩
```
   5 8
 + 2 4
```

⑪
```
   1 9
 + 5 2
```

⑫
```
   2 5
 + 3 8
```

⑬
```
   7 9
 + 1 6
```

⑭
```
   3 6
 + 5 7
```

⑮
```
   1 8
 + 1 9
```

⑯
```
   2 7
 + 1 5
```

⑰
```
   5 4
 + 3 9
```

⑱
```
   2 6
 + 4 5
```

⑲
```
   3 8
 + 4 7
```

⑳
```
   4 5
 + 1 5
```

㉑
```
   4 9
 + 4 8
```

㉒
```
   2 5
 + 6 6
```

㉓
```
   5 8
 + 1 3
```

㉔
```
   1 6
 + 3 9
```

㉕
```
   6 7
 + 1 4
```

일의 자리에서 받아올림이 있는
두 자리 수 + 두 자리 수

분   초
/25

■ 다음 덧셈을 하시오.

① 3 7
 + 5 7

② 3 4
 + 3 9

③ 4 6
 + 2 8

④ 2 4
 + 1 7

⑤ 2 9
 + 6 3

⑥ 4 7
 + 4 9

⑦ 1 9
 + 4 1

⑧ 3 6
 + 2 6

⑨ 1 4
 + 1 8

⑩ 3 5
 + 1 7

⑪ 6 4
 + 2 6

⑫ 7 2
 + 1 8

⑬ 2 9
 + 5 7

⑭ 5 5
 + 1 9

⑮ 6 6
 + 1 9

⑯ 5 8
 + 3 8

⑰ 4 9
 + 1 5

⑱ 3 8
 + 4 6

⑲ 2 6
 + 2 7

⑳ 2 9
 + 3 9

㉑ 1 8
 + 5 4

㉒ 4 7
 + 3 5

㉓ 5 3
 + 2 9

㉔ 2 5
 + 4 8

㉕ 1 9
 + 3 6

일의 자리에서 받아올림이 있는
두 자 리 수 + 두 자 리 수

분   초
/25

■ 다음 덧셈을 하시오.

①
```
  2 9
+ 1 4
```

②
```
  4 7
+ 4 9
```

③
```
  2 7
+ 3 6
```

④
```
  5 4
+ 2 8
```

⑤
```
  3 8
+ 3 6
```

⑥
```
  4 5
+ 1 5
```

⑦
```
  2 7
+ 4 3
```

⑧
```
  5 6
+ 3 6
```

⑨
```
  3 5
+ 1 9
```

⑩
```
  3 6
+ 2 5
```

⑪
```
  2 1
+ 5 9
```

⑫
```
  4 8
+ 3 4
```

⑬
```
  6 9
+ 2 3
```

⑭
```
  3 9
+ 4 9
```

⑮
```
  5 7
+ 1 4
```

⑯
```
  1 6
+ 6 8
```

⑰
```
  6 5
+ 1 7
```

⑱
```
  2 9
+ 2 5
```

⑲
```
  7 4
+ 1 6
```

⑳
```
  4 9
+ 2 7
```

㉑
```
  1 7
+ 5 5
```

㉒
```
  2 8
+ 6 8
```

㉓
```
  1 2
+ 4 8
```

㉔
```
  3 7
+ 5 7
```

㉕
```
  1 3
+ 3 9
```

일의 자리에서 받아올림이 있는
두 자리 수 + 두 자리 수

분   초
/25

■ 다음 덧셈을 하시오.

①
```
    2 8
  + 6 7
```

②
```
    5 6
  + 3 4
```

③
```
    4 3
  + 2 8
```

④
```
    6 7
  + 1 5
```

⑤
```
    3 9
  + 4 3
```

⑥
```
    4 4
  + 1 7
```

⑦
```
    5 2
  + 1 9
```

⑧
```
    3 8
  + 2 5
```

⑨
```
    2 5
  + 5 6
```

⑩
```
    2 8
  + 2 9
```

⑪
```
    3 9
  + 1 2
```

⑫
```
    2 6
  + 3 7
```

⑬
```
    3 5
  + 5 8
```

⑭
```
    2 4
  + 1 9
```

⑮
```
    7 9
  + 1 6
```

⑯
```
    1 7
  + 4 8
```

⑰
```
    3 6
  + 3 9
```

⑱
```
    1 6
  + 1 8
```

⑲
```
    4 6
  + 3 5
```

⑳
```
    6 9
  + 2 4
```

㉑
```
    5 8
  + 2 3
```

㉒
```
    1 7
  + 5 4
```

㉓
```
    2 9
  + 4 8
```

㉔
```
    4 7
  + 4 6
```

㉕
```
    1 9
  + 3 5
```

■ 다음 덧셈을 하시오.

① 3 7
  + 5 4

② 3 2
  + 5 9

③ 1 8
  + 4 3

④ 1 7
  + 3 6

⑤ 6 5
  + 2 5

⑥ 2 8
  + 4 3

⑦ 5 6
  + 3 4

⑧ 5 2
  + 3 9

⑨ 1 4
  + 4 7

⑩ 7 5
  + 1 6

⑪ 1 8
  + 2 9

⑫ 3 6
  + 2 5

⑬ 5 6
  + 2 7

⑭ 6 3
  + 1 9

⑮ 3 5
  + 4 6

⑯ 3 4
  + 1 7

⑰ 1 6
  + 4 5

⑱ 3 9
  + 5 2

⑲ 2 3
  + 4 8

⑳ 6 1
  + 2 9

㉑ 2 5
  + 4 6

㉒ 2 8
  + 6 5

㉓ 4 4
  + 2 7

㉔ 3 8
  + 1 7

㉕ 1 9
  + 3 4

일의 자리에서 받아올림이 있는

두 자리 수 + 두 자리 수

분   초

/25

■ 다음 덧셈을 하시오.

①
```
  1 9
+ 4 3
```

②
```
  1 5
+ 3 6
```

③
```
  5 6
+ 3 5
```

④
```
  3 2
+ 4 9
```

⑤
```
  2 5
+ 5 6
```

⑥
```
  2 3
+ 1 8
```

⑦
```
  1 7
+ 5 5
```

⑧
```
  5 5
+ 2 9
```

⑨
```
  6 7
+ 1 8
```

⑩
```
  2 6
+ 3 4
```

⑪
```
  2 2
+ 1 9
```

⑫
```
  4 4
+ 2 8
```

⑬
```
  5 4
+ 3 7
```

⑭
```
  4 7
+ 2 6
```

⑮
```
  3 5
+ 5 6
```

⑯
```
  1 8
+ 3 3
```

⑰
```
  2 4
+ 3 7
```

⑱
```
  4 3
+ 3 9
```

⑲
```
  2 9
+ 5 2
```

⑳
```
  3 4
+ 3 6
```

㉑
```
  3 5
+ 4 5
```

㉒
```
  5 4
+ 2 7
```

㉓
```
  2 7
+ 1 4
```

㉔
```
  3 8
+ 5 5
```

㉕
```
  2 6
+ 4 7
```

일의 자리에서 받아올림이 있는
두 자리 수 + 두 자리 수

분　　초
/25

■ 다음 덧셈을 하시오.

①	②	③	④	⑤
2 9 + 3 4	3 8 + 4 2	2 3 + 4 7	6 5 + 2 5	2 6 + 3 6

⑥	⑦	⑧	⑨	⑩
3 4 + 2 8	1 9 + 2 4	3 5 + 5 5	2 8 + 4 3	3 6 + 2 5

⑪	⑫	⑬	⑭	⑮
3 6 + 1 7	4 6 + 1 5	1 9 + 2 2	2 4 + 5 6	2 5 + 3 8

⑯	⑰	⑱	⑲	⑳
1 3 + 4 7	2 6 + 3 4	3 3 + 5 8	2 7 + 4 4	3 6 + 4 8

㉑	㉒	㉓	㉔	㉕
5 2 + 3 9	4 8 + 2 3	3 3 + 3 7	2 8 + 4 2	5 3 + 2 9

■ 다음 덧셈을 하시오.

①
```
   2 7
+  4 3
```

②
```
   3 5
+  2 8
```

③
```
   1 9
+  3 2
```

④
```
   4 6
+  2 7
```

⑤
```
   4 8
+  3 3
```

⑥
```
   2 8
+  5 3
```

⑦
```
   6 7
+  2 4
```

⑧
```
   3 6
+  2 8
```

⑨
```
   2 7
+  4 4
```

⑩
```
   1 9
+  7 2
```

⑪
```
   7 7
+  1 4
```

⑫
```
   3 4
+  2 6
```

⑬
```
   4 4
+  3 8
```

⑭
```
   1 8
+  4 6
```

⑮
```
   6 8
+  2 3
```

⑯
```
   3 4
+  4 7
```

⑰
```
   1 6
+  5 4
```

⑱
```
   6 3
+  1 9
```

⑲
```
   4 2
+  3 9
```

⑳
```
   1 8
+  4 3
```

㉑
```
   5 4
+  2 7
```

㉒
```
   4 8
+  3 6
```

㉓
```
   2 5
+  5 6
```

㉔
```
   3 4
+  2 8
```

㉕
```
   1 9
+  6 3
```

일의 자리에서 받아올림이 있는
두 자리 수 + 두 자리 수

분　　　초
/25

■ 다음 덧셈을 하시오.

① 　 2 9
　+ 3 2

② 　 1 8
　+ 6 3

③ 　 4 9
　+ 3 4

④ 　 2 8
　+ 6 2

⑤ 　 4 4
　+ 3 9

⑥ 　 2 8
　+ 5 4

⑦ 　 3 5
　+ 4 6

⑧ 　 3 8
　+ 5 3

⑨ 　 4 6
　+ 1 7

⑩ 　 4 4
　+ 2 7

⑪ 　 4 5
　+ 2 5

⑫ 　 1 8
　+ 1 9

⑬ 　 3 5
　+ 3 9

⑭ 　 4 8
　+ 3 3

⑮ 　 2 4
　+ 4 9

⑯ 　 5 8
　+ 2 3

⑰ 　 3 9
　+ 4 3

⑱ 　 2 6
　+ 5 5

⑲ 　 4 8
　+ 1 9

⑳ 　 4 7
　+ 2 5

㉑ 　 3 6
　+ 4 5

㉒ 　 2 3
　+ 6 7

㉓ 　 3 9
　+ 4 5

㉔ 　 5 3
　+ 3 8

㉕ 　 2 9
　+ 1 4

36단계

교재 번호 : 36:01~36:10

■ 학습 일정 관리표

	공부한 날	정답수	오답수	소요시간	표준완성시간
36-01호				분 초	
36-02호				분 초	
36-03호				분 초	
36-04호				분 초	1,2학년 : 4분이내
36-05호				분 초	
36-06호				분 초	3,4학년 : 2분이내
36-07호				분 초	
36-08호				분 초	5,6학년 : 1분이내
36-09호				분 초	
36-10호				분 초	

이번 단계는 십의 자리에서 받아올림이 있는 덧셈을 학습합니다. 십의 자리에 받아올림이 있는 경우는 받아올린 '1'을 잘 기억해야 합니다.

⊙ **십의 자리에서 받아올림이 있는 덧셈**

❶

일의 자리 계산

❶ 일의 자리 수 2와 6을 더한 수 8은 일의 자리에 쓰고,

❷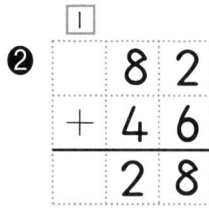

십의 자리 계산

❷ 십의 자리 수 8과 4를 더하면 12이므로 2는 십의 자리에 쓰고 '1'을 받아올림하여 백의 자리 위에 작게 씁니다.

❸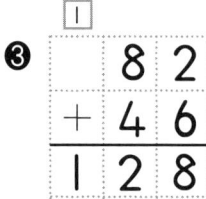

❸ 백의 자리에 받아올림한 '1'을 내려씁니다.

지도내용 받아올림하는 과정을 정확히 이해하도록 지도합니다.

■ 다음 덧셈을 하시오.

① 7 4
+ 5 3

② 8 2
+ 4 6

③ 3 4
+ 9 2

④ 7 3
+ 4 3

⑤ 5 3
+ 5 1

⑥ 6 3
+ 8 2

⑦ 7 6
+ 6 1

⑧ 8 2
+ 5 3

⑨ 3 2
+ 9 6

⑩ 7 3
+ 6 4

⑪ 2 1
+ 8 4

⑫ 4 5
+ 9 2

⑬ 9 5
+ 4 3

⑭ 7 5
+ 9 4

⑮ 4 4
+ 6 2

⑯ 7 2
+ 7 4

⑰ 1 6
+ 9 2

⑱ 7 3
+ 4 3

⑲ 4 2
+ 9 1

⑳ 9 2
+ 3 3

㉑ 2 4
+ 9 4

㉒ 5 3
+ 5 5

㉓ 5 4
+ 7 4

㉔ 9 6
+ 9 3

㉕ 5 5
+ 8 2

십의 자리에서 받아올림이 있는
두 자리 수 + 두 자리 수

분   초
/25

■ 다음 덧셈을 하시오.

① 6 7
+ 5 2

② 4 6
+ 8 3

③ 6 7
+ 5 2

④ 3 5
+ 7 4

⑤ 5 2
+ 9 2

⑥ 4 5
+ 7 3

⑦ 6 2
+ 6 7

⑧ 5 4
+ 6 2

⑨ 5 3
+ 7 4

⑩ 8 5
+ 6 2

⑪ 3 9
+ 8 0

⑫ 7 2
+ 5 4

⑬ 8 3
+ 8 6

⑭ 7 4
+ 6 1

⑮ 8 3
+ 6 4

⑯ 4 3
+ 8 5

⑰ 7 3
+ 3 5

⑱ 2 1
+ 8 5

⑲ 5 2
+ 6 7

⑳ 8 3
+ 6 4

㉑ 3 2
+ 7 6

㉒ 8 2
+ 4 5

㉓ 9 1
+ 5 7

㉔ 5 6
+ 9 1

㉕ 9 4
+ 7 5

■ 다음 덧셈을 하시오.

①
```
  6 3
+ 4 6
```

②
```
  5 3
+ 8 2
```

③
```
  4 5
+ 7 3
```

④
```
  8 4
+ 7 3
```

⑤
```
  3 5
+ 8 3
```

⑥
```
  6 2
+ 7 4
```

⑦
```
  6 2
+ 4 5
```

⑧
```
  4 6
+ 9 2
```

⑨
```
  3 4
+ 8 2
```

⑩
```
  6 5
+ 9 1
```

⑪
```
  9 1
+ 2 4
```

⑫
```
  7 3
+ 4 3
```

⑬
```
  6 1
+ 5 4
```

⑭
```
  3 2
+ 7 5
```

⑮
```
  8 3
+ 2 6
```

⑯
```
  6 3
+ 5 2
```

⑰
```
  5 4
+ 7 2
```

⑱
```
  2 5
+ 9 4
```

⑲
```
  5 1
+ 5 8
```

⑳
```
  9 7
+ 6 2
```

㉑
```
  8 2
+ 4 3
```

㉒
```
  8 4
+ 2 5
```

㉓
```
  5 3
+ 6 3
```

㉔
```
  7 6
+ 5 2
```

㉕
```
  6 3
+ 5 4
```

십의 자리에서 받아올림이 있는
두 자리 수 + 두 자리 수

분   초
/25

■ 다음 덧셈을 하시오.

① 8 4
+ 5 4

② 2 5
+ 8 3

③ 4 8
+ 7 1

④ 7 2
+ 8 6

⑤ 8 1
+ 9 3

⑥ 9 2
+ 4 1

⑦ 9 5
+ 2 3

⑧ 5 2
+ 5 7

⑨ 8 4
+ 3 5

⑩ 7 6
+ 5 3

⑪ 6 2
+ 4 2

⑫ 6 0
+ 4 9

⑬ 5 7
+ 8 2

⑭ 9 3
+ 8 6

⑮ 7 1
+ 6 8

⑯ 7 2
+ 4 7

⑰ 4 5
+ 7 2

⑱ 5 2
+ 5 7

⑲ 4 6
+ 9 2

⑳ 8 0
+ 3 6

㉑ 5 3
+ 6 5

㉒ 7 5
+ 4 2

㉓ 3 6
+ 8 1

㉔ 5 4
+ 7 4

㉕ 9 1
+ 5 8

■ 다음 덧셈을 하시오.

①
```
  4 6
+ 8 1
```

②
```
  7 2
+ 5 4
```

③
```
  9 4
+ 5 1
```

④
```
  4 2
+ 7 7
```

⑤
```
  6 2
+ 5 3
```

⑥
```
  4 4
+ 6 3
```

⑦
```
  3 4
+ 9 2
```

⑧
```
  4 3
+ 9 5
```

⑨
```
  5 6
+ 5 1
```

⑩
```
  4 7
+ 6 2
```

⑪
```
  7 1
+ 4 7
```

⑫
```
  8 0
+ 5 8
```

⑬
```
  3 7
+ 7 2
```

⑭
```
  9 7
+ 7 1
```

⑮
```
  5 2
+ 7 4
```

⑯
```
  7 2
+ 5 6
```

⑰
```
  5 4
+ 6 3
```

⑱
```
  9 3
+ 3 2
```

⑲
```
  6 6
+ 4 2
```

⑳
```
  6 4
+ 7 3
```

㉑
```
  6 5
+ 9 3
```

㉒
```
  9 2
+ 6 7
```

㉓
```
  7 4
+ 3 5
```

㉔
```
  9 3
+ 1 6
```

㉕
```
  8 1
+ 5 7
```

십의 자리에서 받아올림이 있는
두 자 리 수 + 두 자 리 수

분   초
/25

■ 다음 덧셈을 하시오.

①
$$\begin{array}{r} 5\ 1 \\ +\ 7\ 4 \\ \hline \end{array}$$

②
$$\begin{array}{r} 6\ 5 \\ +\ 5\ 2 \\ \hline \end{array}$$

③
$$\begin{array}{r} 8\ 2 \\ +\ 8\ 4 \\ \hline \end{array}$$

④
$$\begin{array}{r} 3\ 5 \\ +\ 7\ 4 \\ \hline \end{array}$$

⑤
$$\begin{array}{r} 9\ 4 \\ +\ 5\ 5 \\ \hline \end{array}$$

⑥
$$\begin{array}{r} 5\ 9 \\ +\ 5\ 0 \\ \hline \end{array}$$

⑦
$$\begin{array}{r} 4\ 4 \\ +\ 6\ 4 \\ \hline \end{array}$$

⑧
$$\begin{array}{r} 5\ 2 \\ +\ 6\ 1 \\ \hline \end{array}$$

⑨
$$\begin{array}{r} 7\ 1 \\ +\ 7\ 6 \\ \hline \end{array}$$

⑩
$$\begin{array}{r} 4\ 7 \\ +\ 7\ 1 \\ \hline \end{array}$$

⑪
$$\begin{array}{r} 4\ 3 \\ +\ 6\ 3 \\ \hline \end{array}$$

⑫
$$\begin{array}{r} 8\ 2 \\ +\ 6\ 2 \\ \hline \end{array}$$

⑬
$$\begin{array}{r} 4\ 3 \\ +\ 7\ 3 \\ \hline \end{array}$$

⑭
$$\begin{array}{r} 4\ 6 \\ +\ 7\ 3 \\ \hline \end{array}$$

⑮
$$\begin{array}{r} 7\ 6 \\ +\ 9\ 3 \\ \hline \end{array}$$

⑯
$$\begin{array}{r} 4\ 5 \\ +\ 8\ 2 \\ \hline \end{array}$$

⑰
$$\begin{array}{r} 6\ 7 \\ +\ 8\ 2 \\ \hline \end{array}$$

⑱
$$\begin{array}{r} 7\ 3 \\ +\ 5\ 4 \\ \hline \end{array}$$

⑲
$$\begin{array}{r} 3\ 1 \\ +\ 9\ 2 \\ \hline \end{array}$$

⑳
$$\begin{array}{r} 8\ 4 \\ +\ 4\ 2 \\ \hline \end{array}$$

㉑
$$\begin{array}{r} 5\ 2 \\ +\ 8\ 3 \\ \hline \end{array}$$

㉒
$$\begin{array}{r} 9\ 1 \\ +\ 4\ 6 \\ \hline \end{array}$$

㉓
$$\begin{array}{r} 6\ 4 \\ +\ 6\ 2 \\ \hline \end{array}$$

㉔
$$\begin{array}{r} 9\ 3 \\ +\ 9\ 4 \\ \hline \end{array}$$

㉕
$$\begin{array}{r} 5\ 8 \\ +\ 9\ 1 \\ \hline \end{array}$$

■ 다음 덧셈을 하시오.

①	②	③	④	⑤
5 1	5 4	4 3	6 5	8 2
+ 7 3	+ 9 5	+ 6 4	+ 6 3	+ 3 4

⑥	⑦	⑧	⑨	⑩
7 3	5 7	3 2	4 7	3 6
+ 4 5	+ 5 1	+ 9 4	+ 8 2	+ 7 2

⑪	⑫	⑬	⑭	⑮
4 4	7 5	6 3	9 1	5 2
+ 6 1	+ 6 2	+ 4 5	+ 3 1	+ 5 3

⑯	⑰	⑱	⑲	⑳
5 1	9 3	3 8	7 1	5 0
+ 8 4	+ 7 6	+ 8 0	+ 5 5	+ 5 9

㉑	㉒	㉓	㉔	㉕
6 2	9 4	5 3	4 5	6 6
+ 8 7	+ 2 3	+ 7 2	+ 6 3	+ 7 2

십의 자리에서 받아올림이 있는
두 자리 수 + 두 자리 수

분   초
/25

■ 다음 덧셈을 하시오.

①
```
   4 5
 + 6 4
```

②
```
   8 2
 + 7 4
```

③
```
   9 2
 + 4 6
```

④
```
   5 5
 + 6 3
```

⑤
```
   6 4
 + 5 3
```

⑥
```
   5 0
 + 6 8
```

⑦
```
   9 6
 + 5 3
```

⑧
```
   8 2
 + 2 5
```

⑨
```
   7 2
 + 9 5
```

⑩
```
   4 2
 + 9 5
```

⑪
```
   4 1
 + 6 4
```

⑫
```
   8 6
 + 4 2
```

⑬
```
   6 3
 + 5 4
```

⑭
```
   6 2
 + 5 2
```

⑮
```
   9 5
 + 8 1
```

⑯
```
   8 2
 + 8 6
```

⑰
```
   2 3
 + 9 4
```

⑱
```
   7 1
 + 5 7
```

⑲
```
   2 3
 + 8 3
```

⑳
```
   6 2
 + 5 3
```

㉑
```
   8 2
 + 3 6
```

㉒
```
   7 4
 + 3 4
```

㉓
```
   8 4
 + 4 1
```

㉔
```
   7 1
 + 7 6
```

㉕
```
   8 4
 + 6 2
```

■ 다음 덧셈을 하시오.

① 75 + 62
② 93 + 44
③ 45 + 72
④ 91 + 33
⑤ 68 + 41

⑥ 43 + 80
⑦ 42 + 74
⑧ 83 + 32
⑨ 72 + 67
⑩ 66 + 52

⑪ 43 + 94
⑫ 93 + 63
⑬ 37 + 81
⑭ 87 + 91
⑮ 61 + 54

⑯ 71 + 57
⑰ 52 + 53
⑱ 71 + 54
⑲ 84 + 53
⑳ 92 + 55

㉑ 42 + 92
㉒ 34 + 84
㉓ 24 + 95
㉔ 73 + 35
㉕ 53 + 64

■ 다음 덧셈을 하시오.

①
```
    1 4
+   9 2
```

②
```
    5 3
+   8 6
```

③
```
    4 7
+   7 1
```

④
```
    6 5
+   8 4
```

⑤
```
    7 9
+   3 0
```

⑥
```
    8 4
+   7 2
```

⑦
```
    4 2
+   8 4
```

⑧
```
    6 2
+   4 7
```

⑨
```
    9 1
+   3 8
```

⑩
```
    9 6
+   8 3
```

⑪
```
    3 7
+   8 2
```

⑫
```
    7 4
+   8 4
```

⑬
```
    9 0
+   4 9
```

⑭
```
    8 4
+   5 3
```

⑮
```
    6 8
+   9 1
```

⑯
```
    9 3
+   2 5
```

⑰
```
    5 6
+   8 2
```

⑱
```
    6 2
+   7 3
```

⑲
```
    7 4
+   4 5
```

⑳
```
    9 2
+   4 6
```

㉑
```
    6 4
+   5 4
```

㉒
```
    6 8
+   9 1
```

㉓
```
    3 7
+   8 2
```

㉔
```
    8 3
+   4 5
```

㉕
```
    7 5
+   4 3
```

37단계

교재 번호 : 37:01~37:10

■ 학습 일정 관리표

	공부한 날	정답수	오답수	소요시간	표준완성시간
37-01호				분 초	
37-02호				분 초	
37-03호				분 초	
37-04호				분 초	1,2학년 : 4분이내
37-05호				분 초	
37-06호				분 초	3,4학년 : 2분이내
37-07호				분 초	
37-08호				분 초	5,6학년 : 1분이내
37-09호				분 초	
37-10호				분 초	

일과 십의 자리에서 받아올림이 있는
두 자 리 수 + 두 자 리 수

이번 단계에서는 일의 자리와 십의 자리에서 모두 받아올림이 있는 두 자리 수끼리의 덧셈을 공부합니다.

⊙ 일의 자리와 십의 자리 모두 받아올림이 있는 경우

❶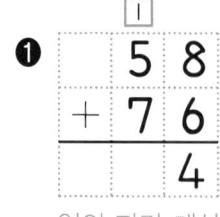

일의 자리 계산

❶ 일의 자리 수 8과 6을 더하면 14이므로 일의 자리 수 4를 일의 자리에 쓰고, 십의 자리 수 1은 받아올림하여 십의 자리 수 5위에 작게 1이라고 씁니다.

❷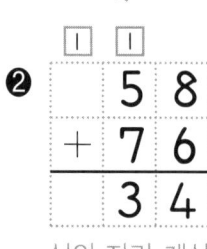

십의 자리 계산

❷ 십의 자리 수 5와 7의 합인 12에 일의 자리에서 받아올린 1을 더하면 13입니다. 그 중 3을 십의 자리에 쓰고, 1을 백의 자리 위에 작게 씁니다.

❸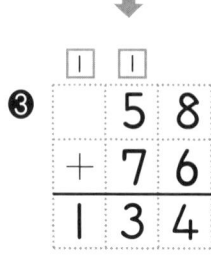

❸ 백의 자리는 받아올린 1을 그대로 내려씁니다.

지도내용 일의 자리와 십의 자리에서 연속해서 받아올림이 있는 계산을 하는 과정에서 받아올린 수를 잊어버리지 않고 계산할 수 있도록 지도합니다.

일과 십의 자리에서 받아올림이 있는
두 자리 수 + 두 자리 수

분   초
/25

■ 다음 덧셈을 하시오.

①
```
    4 3
  + 7 8
```

②
```
    3 4
  + 9 6
```

③
```
    7 2
  + 8 9
```

④
```
    2 5
  + 8 7
```

⑤
```
    8 9
  + 2 3
```

⑥
```
    8 6
  + 8 5
```

⑦
```
    9 2
  + 2 8
```

⑧
```
    4 7
  + 6 7
```

⑨
```
    6 8
  + 9 5
```

⑩
```
    3 9
  + 7 9
```

⑪
```
    3 4
  + 9 9
```

⑫
```
    1 8
  + 9 7
```

⑬
```
    7 5
  + 9 5
```

⑭
```
    6 4
  + 7 8
```

⑮
```
    8 7
  + 3 6
```

⑯
```
    9 7
  + 5 3
```

⑰
```
    4 6
  + 9 8
```

⑱
```
    5 7
  + 8 4
```

⑲
```
    6 5
  + 6 9
```

⑳
```
    8 9
  + 4 6
```

㉑
```
    9 8
  + 4 6
```

㉒
```
    7 8
  + 5 9
```

㉓
```
    5 9
  + 6 4
```

㉔
```
    9 9
  + 7 1
```

㉕
```
    6 9
  + 4 8
```

일과 십의 자리에서 받아올림이 있는
두 자리 수 + 두 자리 수

분   초

/25

■ 다음 덧셈을 하시오.

①
```
  7 5
+ 4 6
```

②
```
  7 8
+ 3 4
```

③
```
  3 7
+ 8 5
```

④
```
  9 3
+ 3 7
```

⑤
```
  2 8
+ 9 5
```

⑥
```
  6 4
+ 8 7
```

⑦
```
  5 1
+ 7 9
```

⑧
```
  4 6
+ 9 6
```

⑨
```
  2 8
+ 8 3
```

⑩
```
  9 9
+ 1 5
```

⑪
```
  5 8
+ 9 2
```

⑫
```
  7 6
+ 7 4
```

⑬
```
  6 8
+ 5 8
```

⑭
```
  4 3
+ 8 9
```

⑮
```
  9 6
+ 4 7
```

⑯
```
  8 9
+ 5 7
```

⑰
```
  5 6
+ 5 9
```

⑱
```
  9 7
+ 6 8
```

⑲
```
  8 5
+ 7 9
```

⑳
```
  8 7
+ 9 6
```

㉑
```
  8 7
+ 6 9
```

㉒
```
  9 5
+ 9 7
```

㉓
```
  4 9
+ 6 2
```

㉔
```
  7 6
+ 6 8
```

㉕
```
  9 5
+ 8 8
```

일과 십의 자리에서 받아올림이 있는
두 자리 수 + 두 자리 수

분   초
/25

■ 다음 덧셈을 하시오.

| ① | 5 8
 + 9 6 | ② | 9 6
 + 2 7 | ③ | 7 4
 + 5 8 | ④ | 3 7
 + 8 4 | ⑤ | 9 3
 + 4 9 |

① 58 + 96
② 96 + 27
③ 74 + 58
④ 37 + 84
⑤ 93 + 49

⑥ 67 + 87
⑦ 94 + 19
⑧ 23 + 97
⑨ 68 + 63
⑩ 69 + 46

⑪ 85 + 28
⑫ 49 + 73
⑬ 88 + 87
⑭ 76 + 69
⑮ 15 + 95

⑯ 87 + 89
⑰ 94 + 46
⑱ 92 + 98
⑲ 96 + 75
⑳ 79 + 38

㉑ 85 + 56
㉒ 49 + 75
㉓ 58 + 79
㉔ 97 + 98
㉕ 68 + 64

일과 십의 자리에서 받아올림이 있는
두 자리 수 + 두 자리 수

분   초
/25

■ 다음 덧셈을 하시오.

① 56 + 57

② 84 + 67

③ 68 + 92

④ 95 + 39

⑤ 29 + 84

⑥ 35 + 77

⑦ 49 + 82

⑧ 73 + 98

⑨ 36 + 94

⑩ 98 + 65

⑪ 47 + 99

⑫ 56 + 68

⑬ 64 + 78

⑭ 57 + 85

⑮ 81 + 39

⑯ 72 + 79

⑰ 86 + 76

⑱ 97 + 53

⑲ 48 + 68

⑳ 79 + 81

㉑ 89 + 47

㉒ 87 + 96

㉓ 69 + 59

㉔ 98 + 87

㉕ 75 + 48

일과 십의 자리에서 받아올림이 있는

두 자리 수 + 두 자리 수

분   초
/25

■ 다음 덧셈을 하시오.

①	5 6	②	8 5	③	2 4	④	7 8	⑤	3 9
	+ 7 6		+ 3 9		+ 8 7		+ 8 8		+ 7 2

⑥	9 7	⑦	3 6	⑧	5 9	⑨	8 2	⑩	9 6
	+ 1 5		+ 9 7		+ 8 4		+ 4 9		+ 3 4

⑪	7 1	⑫	7 8	⑬	5 7	⑭	4 9	⑮	9 3
	+ 7 9		+ 5 6		+ 6 8		+ 9 7		+ 5 8

⑯	8 8	⑰	6 4	⑱	4 7	⑲	9 6	⑳	5 8
	+ 6 7		+ 9 8		+ 6 9		+ 8 5		+ 5 2

㉑	3 7	㉒	7 9	㉓	9 8	㉔	8 7	㉕	9 6
	+ 8 6		+ 4 9		+ 6 5		+ 9 3		+ 7 8

일과 십의 자리에서 받아올림이 있는

두 자리 수 + 두 자리 수

분   초
/25

■ 다음 덧셈을 하시오.

①
```
    5 7
 +  9 4
```

②
```
    8 5
 +  6 7
```

③
```
    3 9
 +  8 5
```

④
```
    4 7
 +  7 6
```

⑤
```
    6 4
 +  4 9
```

⑥
```
    9 5
 +  4 6
```

⑦
```
    4 9
 +  8 1
```

⑧
```
    8 3
 +  5 7
```

⑨
```
    1 5
 +  9 5
```

⑩
```
    7 8
 +  3 4
```

⑪
```
    6 8
 +  8 3
```

⑫
```
    6 7
 +  5 7
```

⑬
```
    2 4
 +  9 6
```

⑭
```
    6 3
 +  7 9
```

⑮
```
    8 5
 +  2 9
```

⑯
```
    4 6
 +  9 9
```

⑰
```
    7 9
 +  8 3
```

⑱
```
    7 5
 +  6 8
```

⑲
```
    8 7
 +  6 9
```

⑳
```
    8 9
 +  7 8
```

㉑
```
    9 2
 +  7 8
```

㉒
```
    8 9
 +  8 2
```

㉓
```
    6 8
 +  6 9
```

㉔
```
    7 9
 +  5 6
```

㉕
```
    9 4
 +  9 8
```

■ 다음 덧셈을 하시오.

①
```
  7 8
+ 4 3
```

②
```
  8 4
+ 2 8
```

③
```
  3 8
+ 7 5
```

④
```
  3 6
+ 9 6
```

⑤
```
  4 8
+ 7 7
```

⑥
```
  4 5
+ 6 9
```

⑦
```
  4 9
+ 9 1
```

⑧
```
  8 4
+ 4 7
```

⑨
```
  7 2
+ 7 8
```

⑩
```
  9 7
+ 3 6
```

⑪
```
  9 5
+ 4 5
```

⑫
```
  9 3
+ 5 8
```

⑬
```
  5 2
+ 7 9
```

⑭
```
  7 7
+ 8 5
```

⑮
```
  1 6
+ 9 4
```

⑯
```
  9 6
+ 8 8
```

⑰
```
  6 9
+ 7 4
```

⑱
```
  7 6
+ 9 5
```

⑲
```
  5 9
+ 6 7
```

⑳
```
  8 6
+ 8 9
```

㉑
```
  9 8
+ 6 2
```

㉒
```
  6 7
+ 6 8
```

㉓
```
  5 9
+ 8 9
```

㉔
```
  8 7
+ 9 3
```

㉕
```
  9 8
+ 2 6
```

일과 십의 자리에서 받아올림이 있는
두 자 리 수 + 두 자 리 수

분   초
/25

■ 다음 덧셈을 하시오.

① 7 5
 + 6 8

② 5 8
 + 5 4

③ 6 7
 + 8 7

④ 9 8
 + 1 9

⑤ 8 5
 + 7 9

⑥ 5 3
 + 9 7

⑦ 2 4
 + 8 9

⑧ 8 6
 + 6 7

⑨ 6 9
 + 6 3

⑩ 8 9
 + 2 6

⑪ 7 4
 + 8 6

⑫ 6 8
 + 9 8

⑬ 2 7
 + 9 3

⑭ 6 7
 + 5 9

⑮ 3 8
 + 8 5

⑯ 7 5
 + 3 7

⑰ 4 9
 + 8 5

⑱ 7 3
 + 5 9

⑲ 8 7
 + 5 4

⑳ 9 6
 + 7 8

㉑ 6 1
 + 4 9

㉒ 9 5
 + 9 6

㉓ 4 9
 + 7 2

㉔ 8 9
 + 3 8

㉕ 9 7
 + 4 6

일과 십의 자리에서 받아올림이 있는
두 자 리 수 + 두 자 리 수

분   초
/25

■ 다음 덧셈을 하시오.

①
```
  6 8
+ 4 3
```

②
```
  9 5
+ 5 5
```

③
```
  3 4
+ 9 7
```

④
```
  9 7
+ 3 8
```

⑤
```
  3 6
+ 7 6
```

⑥
```
  8 7
+ 7 5
```

⑦
```
  7 6
+ 7 9
```

⑧
```
  5 2
+ 7 8
```

⑨
```
  4 7
+ 9 6
```

⑩
```
  4 9
+ 6 1
```

⑪
```
  9 8
+ 6 7
```

⑫
```
  5 7
+ 6 3
```

⑬
```
  8 6
+ 8 4
```

⑭
```
  6 3
+ 7 8
```

⑮
```
  7 5
+ 4 9
```

⑯
```
  8 9
+ 4 9
```

⑰
```
  1 4
+ 9 8
```

⑱
```
  9 6
+ 8 5
```

⑲
```
  7 8
+ 5 6
```

⑳
```
  8 8
+ 9 2
```

㉑
```
  9 8
+ 2 5
```

㉒
```
  5 9
+ 8 7
```

㉓
```
  7 6
+ 9 8
```

㉔
```
  3 2
+ 8 9
```

㉕
```
  5 9
+ 9 4
```

일과 십의 자리에서 받아올림이 있는

두 자리 수 + 두 자리 수

분   초

/25

■ 다음 덧셈을 하시오.

① 6 9
+ 5 5

② 6 4
+ 9 8

③ 7 5
+ 3 7

④ 6 4
+ 8 9

⑤ 8 6
+ 7 4

⑥ 5 6
+ 5 7

⑦ 7 3
+ 8 9

⑧ 2 7
+ 8 4

⑨ 5 8
+ 9 4

⑩ 4 9
+ 7 8

⑪ 3 8
+ 8 8

⑫ 9 3
+ 1 7

⑬ 7 1
+ 5 9

⑭ 9 7
+ 7 5

⑮ 6 9
+ 6 2

⑯ 8 9
+ 2 3

⑰ 2 5
+ 9 8

⑱ 8 6
+ 5 9

⑲ 7 4
+ 6 6

⑳ 6 7
+ 4 9

㉑ 9 8
+ 4 9

㉒ 4 5
+ 8 6

㉓ 8 7
+ 6 7

㉔ 9 8
+ 9 7

㉕ 8 9
+ 3 6

3 8단계

■ 학습 일정 관리표

	공부한 날	정답수	오답수	소요시간	표준완성시간
38-01호				분 초	
38-02호				분 초	
38-03호				분 초	
38-04호				분 초	1,2학년 : 2분이내
38-05호				분 초	
38-06호				분 초	3,4학년 : 50초이내
38-07호				분 초	
38-08호				분 초	5,6학년 : 35초이내
38-09호				분 초	
38-10호				분 초	

받아올림이 있는
두 자 리 수 + 두 자 리 수

일의 자리와 십의 자리에서 모두 받아올림이 있으므로 받아올림한 수를 잊지 말고 계산합니다.

⊙ 일의 자리와 십의 자리에서 받아올림이 있는 경우

❶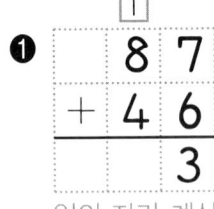

❶ 일의 자리 수 7과 6을 더한 수 13에서 3은 일의 자리에 씁니다.

일의 자리 계산

❷
```
  1 1
  8 7
+ 4 6
  3 3
```

❷ 십의 자리 수 8과 4를 더한 수 12에 일의 자리에서 받아올린 1을 더한 수 13에서 3을 십의 자리에 씁니다.

십의 자리 계산

❸
```
  1 1
  8 7
+ 4 6
1 3 3
```

❸ 십의 자리에서 받아올린 1을 내려서 씁니다.

지도내용 받아올림이 있는 덧셈은 중요한 내용입니다. 일의 자리와 십의 자리에서 받아올림한 수를 잊어버리지 않도록 주의 깊게 살펴봅니다.

받아올림이 있는
두 자리 수 + 두 자리 수

분   초
/25

■ 다음 덧셈을 하시오.

① 　34
＋　98

② 　82
＋　49

③ 　79
＋　81

④ 　69
＋　98

⑤ 　95
＋　47

⑥ 　99
＋　73

⑦ 　25
＋　85

⑧ 　58
＋　67

⑨ 　74
＋　56

⑩ 　47
＋　76

⑪ 　47
＋　93

⑫ 　36
＋　98

⑬ 　63
＋　68

⑭ 　54
＋　89

⑮ 　47
＋　64

⑯ 　96
＋　25

⑰ 　92
＋　58

⑱ 　85
＋　29

⑲ 　78
＋　96

⑳ 　69
＋　79

㉑ 　39
＋　76

㉒ 　88
＋　85

㉓ 　68
＋　49

㉔ 　17
＋　97

㉕ 　89
＋　34

받아올림이 있는
두 자 리 수 + 두 자 리 수

분　　초
/25

■ 다음 덧셈을 하시오.

① 　73
　+ 69

② 　87
　+ 96

③ 　81
　+ 59

④ 　96
　+ 86

⑤ 　95
　+ 68

⑥ 　48
　+ 88

⑦ 　56
　+ 57

⑧ 　96
　+ 48

⑨ 　48
　+ 65

⑩ 　84
　+ 77

⑪ 　85
　+ 69

⑫ 　98
　+ 94

⑬ 　75
　+ 46

⑭ 　78
　+ 72

⑮ 　67
　+ 58

⑯ 　97
　+ 15

⑰ 　79
　+ 32

⑱ 　53
　+ 97

⑲ 　96
　+ 34

⑳ 　27
　+ 89

㉑ 　36
　+ 89

㉒ 　58
　+ 73

㉓ 　29
　+ 95

㉔ 　69
　+ 87

㉕ 　45
　+ 97

받아올림이 있는
두 자리 수 + 두 자리 수

분　　초
/25

■ 다음 덧셈을 하시오.

①
```
  7 8
+ 3 3
```

②
```
  6 4
+ 6 9
```

③
```
  9 8
+ 7 4
```

④
```
  7 3
+ 5 9
```

⑤
```
  1 7
+ 9 8
```

⑥
```
  8 9
+ 3 6
```

⑦
```
  6 9
+ 6 5
```

⑧
```
  9 7
+ 9 4
```

⑨
```
  2 5
+ 9 6
```

⑩
```
  7 9
+ 6 3
```

⑪
```
  8 7
+ 8 9
```

⑫
```
  5 4
+ 9 8
```

⑬
```
  6 5
+ 4 5
```

⑭
```
  4 8
+ 7 9
```

⑮
```
  9 7
+ 4 7
```

⑯
```
  9 5
+ 2 8
```

⑰
```
  8 4
+ 2 6
```

⑱
```
  8 6
+ 5 9
```

⑲
```
  9 8
+ 4 6
```

⑳
```
  8 9
+ 8 8
```

㉑
```
  9 6
+ 1 7
```

㉒
```
  9 8
+ 9 7
```

㉓
```
  6 3
+ 8 7
```

㉔
```
  4 2
+ 7 8
```

㉕
```
  5 6
+ 7 5
```

■ 다음 덧셈을 하시오.

①
```
   2 5
 + 8 9
```

②
```
   7 5
 + 4 8
```

③
```
   7 8
 + 8 5
```

④
```
   4 6
 + 9 8
```

⑤
```
   8 9
 + 9 4
```

⑥
```
   3 9
 + 7 9
```

⑦
```
   8 6
 + 7 4
```

⑧
```
   6 7
 + 9 6
```

⑨
```
   5 8
 + 6 2
```

⑩
```
   9 2
 + 6 9
```

⑪
```
   6 1
 + 7 9
```

⑫
```
   8 7
 + 6 5
```

⑬
```
   9 6
 + 8 7
```

⑭
```
   3 4
 + 9 8
```

⑮
```
   8 9
 + 4 7
```

⑯
```
   6 4
 + 5 7
```

⑰
```
   5 7
 + 8 3
```

⑱
```
   9 8
 + 5 7
```

⑲
```
   5 3
 + 5 8
```

⑳
```
   7 9
 + 7 1
```

㉑
```
   4 7
 + 8 9
```

㉒
```
   8 6
 + 3 6
```

㉓
```
   9 5
 + 3 7
```

㉔
```
   4 9
 + 6 2
```

㉕
```
   7 8
 + 9 8
```

받아올림이 있는
두 자리 수 + 두 자리 수

분   초
/25

■ 다음 덧셈을 하시오.

①
```
   3 8
+  8 6
```

②
```
   8 1
+  4 9
```

③
```
   4 8
+  6 5
```

④
```
   6 7
+  9 8
```

⑤
```
   7 6
+  8 8
```

⑥
```
   9 7
+  3 3
```

⑦
```
   7 9
+  4 9
```

⑧
```
   2 8
+  8 8
```

⑨
```
   5 2
+  5 9
```

⑩
```
   9 6
+  8 4
```

⑪
```
   7 3
+  7 8
```

⑫
```
   8 4
+  3 7
```

⑬
```
   4 6
+  9 5
```

⑭
```
   5 7
+  6 9
```

⑮
```
   8 6
+  9 6
```

⑯
```
   9 5
+  6 9
```

⑰
```
   3 8
+  7 7
```

⑱
```
   5 7
+  8 6
```

⑲
```
   5 9
+  7 4
```

⑳
```
   9 8
+  5 2
```

㉑
```
   7 4
+  5 8
```

㉒
```
   9 7
+  1 5
```

㉓
```
   8 9
+  6 2
```

㉔
```
   3 6
+  9 7
```

㉕
```
   5 9
+  4 7
```

받아올림이 있는
두 자리 수 + 두 자리 수

분   초
/25

■ 다음 덧셈을 하시오.

①
```
  7 7
+ 5 9
```

②
```
  7 5
+ 3 8
```

③
```
  3 4
+ 8 6
```

④
```
  9 7
+ 4 6
```

⑤
```
  6 3
+ 6 9
```

⑥
```
  8 9
+ 8 6
```

⑦
```
  6 7
+ 7 4
```

⑧
```
  6 3
+ 8 7
```

⑨
```
  9 4
+ 7 8
```

⑩
```
  4 5
+ 7 9
```

⑪
```
  8 5
+ 6 6
```

⑫
```
  6 2
+ 4 8
```

⑬
```
  8 6
+ 7 9
```

⑭
```
  9 5
+ 9 7
```

⑮
```
  7 9
+ 6 8
```

⑯
```
  1 9
+ 9 5
```

⑰
```
  4 8
+ 9 9
```

⑱
```
  8 5
+ 2 5
```

⑲
```
  5 8
+ 9 3
```

⑳
```
  6 9
+ 5 1
```

㉑
```
  7 8
+ 8 4
```

㉒
```
  4 9
+ 8 3
```

㉓
```
  8 4
+ 6 9
```

㉔
```
  8 9
+ 5 2
```

㉕
```
  2 7
+ 9 7
```

받아올림이 있는
두 자리 수 + 두 자리 수

분　　초
/25

■ 다음 덧셈을 하시오.

①
$$\begin{array}{r} 8\ 6 \\ +\ 4\ 9 \\ \hline \end{array}$$

②
$$\begin{array}{r} 7\ 8 \\ +\ 9\ 6 \\ \hline \end{array}$$

③
$$\begin{array}{r} 9\ 7 \\ +\ 6\ 5 \\ \hline \end{array}$$

④
$$\begin{array}{r} 4\ 8 \\ +\ 7\ 3 \\ \hline \end{array}$$

⑤
$$\begin{array}{r} 5\ 7 \\ +\ 7\ 8 \\ \hline \end{array}$$

⑥
$$\begin{array}{r} 7\ 9 \\ +\ 7\ 7 \\ \hline \end{array}$$

⑦
$$\begin{array}{r} 5\ 4 \\ +\ 6\ 8 \\ \hline \end{array}$$

⑧
$$\begin{array}{r} 9\ 6 \\ +\ 5\ 4 \\ \hline \end{array}$$

⑨
$$\begin{array}{r} 3\ 8 \\ +\ 9\ 2 \\ \hline \end{array}$$

⑩
$$\begin{array}{r} 8\ 5 \\ +\ 8\ 9 \\ \hline \end{array}$$

⑪
$$\begin{array}{r} 1\ 4 \\ +\ 9\ 7 \\ \hline \end{array}$$

⑫
$$\begin{array}{r} 4\ 9 \\ +\ 6\ 9 \\ \hline \end{array}$$

⑬
$$\begin{array}{r} 7\ 2 \\ +\ 4\ 8 \\ \hline \end{array}$$

⑭
$$\begin{array}{r} 6\ 9 \\ +\ 6\ 1 \\ \hline \end{array}$$

⑮
$$\begin{array}{r} 7\ 3 \\ +\ 8\ 8 \\ \hline \end{array}$$

⑯
$$\begin{array}{r} 8\ 6 \\ +\ 2\ 6 \\ \hline \end{array}$$

⑰
$$\begin{array}{r} 6\ 2 \\ +\ 7\ 9 \\ \hline \end{array}$$

⑱
$$\begin{array}{r} 9\ 8 \\ +\ 4\ 5 \\ \hline \end{array}$$

⑲
$$\begin{array}{r} 4\ 6 \\ +\ 9\ 5 \\ \hline \end{array}$$

⑳
$$\begin{array}{r} 5\ 9 \\ +\ 8\ 4 \\ \hline \end{array}$$

㉑
$$\begin{array}{r} 8\ 7 \\ +\ 9\ 3 \\ \hline \end{array}$$

㉒
$$\begin{array}{r} 9\ 7 \\ +\ 3\ 6 \\ \hline \end{array}$$

㉓
$$\begin{array}{r} 9\ 5 \\ +\ 8\ 5 \\ \hline \end{array}$$

㉔
$$\begin{array}{r} 3\ 6 \\ +\ 7\ 8 \\ \hline \end{array}$$

㉕
$$\begin{array}{r} 9\ 8 \\ +\ 2\ 7 \\ \hline \end{array}$$

■ 다음 덧셈을 하시오.

① 　4 8
　+ 7 5

② 　8 9
　+ 7 3

③ 　9 6
　+ 7 8

④ 　6 7
　+ 5 7

⑤ 　6 1
　+ 6 9

⑥ 　8 7
　+ 6 3

⑦ 　9 4
　+ 4 7

⑧ 　2 8
　+ 9 4

⑨ 　5 7
　+ 5 9

⑩ 　8 5
　+ 5 6

⑪ 　2 3
　+ 8 9

⑫ 　6 5
　+ 4 8

⑬ 　7 4
　+ 6 9

⑭ 　7 9
　+ 5 8

⑮ 　3 7
　+ 8 4

⑯ 　6 3
　+ 8 7

⑰ 　7 9
　+ 8 5

⑱ 　7 8
　+ 3 8

⑲ 　9 5
　+ 1 7

⑳ 　9 8
　+ 9 9

㉑ 　4 5
　+ 8 9

㉒ 　6 4
　+ 9 6

㉓ 　5 9
　+ 9 2

㉔ 　8 9
　+ 3 6

㉕ 　8 7
　+ 2 6

받아올림이 있는

두 자리 수 + 두 자리 수

분   초

/25

■ 다음 덧셈을 하시오.

①   3 6
 + 8 5

②   5 7
 + 9 8

③   8 6
 + 7 4

④   7 5
 + 4 9

⑤   7 4
 + 7 8

⑥   3 8
 + 7 6

⑦   6 3
 + 7 8

⑧   8 4
 + 8 7

⑨   7 9
 + 9 1

⑩   6 8
 + 4 7

⑪   8 2
 + 4 9

⑫   3 2
 + 9 8

⑬   5 9
 + 6 4

⑭   4 8
 + 6 3

⑮   7 6
 + 5 9

⑯   9 5
 + 2 5

⑰   1 7
 + 9 6

⑱   5 9
 + 7 9

⑲   9 8
 + 6 2

⑳   9 6
 + 5 8

㉑   5 7
 + 8 3

㉒   9 6
 + 3 6

㉓   4 7
 + 9 5

㉔   9 8
 + 8 5

㉕   8 9
 + 9 7

받아올림이 있는
두 자리 수 + 두 자리 수

분   초
/25

■ 다음 덧셈을 하시오.

①	②	③	④	⑤
48 + 87	83 + 29	67 + 69	96 + 77	89 + 56

⑥	⑦	⑧	⑨	⑩
96 + 14	87 + 65	74 + 59	79 + 62	98 + 95

⑪	⑫	⑬	⑭	⑮
68 + 48	31 + 89	67 + 54	29 + 85	25 + 98

⑯	⑰	⑱	⑲	⑳
93 + 47	54 + 58	75 + 86	67 + 97	59 + 98

㉑	㉒	㉓	㉔	㉕
84 + 76	76 + 39	65 + 87	49 + 73	88 + 34

39단계

교재 번호 : 39:01~39:10

■ 학습 일정 관리표

	공부한 날	정답수	오답수	소요시간	표준완성시간
39-01호				분 초	
39-02호				분 초	
39-03호				분 초	
39-04호				분 초	1,2학년 : 2분이내
39-05호				분 초	
39-06호				분 초	3,4학년 : 2분이내
39-07호				분 초	
39-08호				분 초	5,6학년 : 1분이내
39-09호				분 초	
39-10호				분 초	

받아내림이 있는
두 자 리 수 − 두 자 리 수

받아내림이 있는 뺄셈은 빼는 수가 빼어지는 수보다 크므로 십의 자리에서
10을 빌려서 일의 자리 수와 더하여 빼기를 합니다.

⊙ **십의 자리에서 받아내림이 있는 경우**

❶ 일의 자리 수 2에서 6을 뺄 수 없으므로 십의 자리에서 1을 빌려오고 십의 자리 수 5를
지우고 4를 작게 씁니다.

❷ 십의 자리에서 빌려온 10을 일의 자리에 작게 쓰고, 10과 2를 더한 수 12에서 6을 뺀 수
6을 일의 자리에 씁니다.

❸ 십의 자리는 4에서 2를 뺀 수 2를 십의 자리에 씁니다.

⊙ **가로셈 계산**

$$
33 - 15 = \boxed{10} + \boxed{8} = \boxed{18}
$$

$(20 - 10)$

$(13 - 5)$

지도내용   받아내림이 있는 뺄셈은 10을 빌려 줄 것을 기억하여 계산할 수 있도록 숙달을 시킵니다.
아이가 어려워하면 34단계를 반복시킵니다.

받아내림이 있는
두 자리 수 - 두 자리 수

분   초
/25

■ 다음 뺄셈을 하시오.

①
```
   8 4
 - 6 6
```

②
```
   6 2
 - 2 8
```

③
```
   5 4
 - 2 9
```

④
```
   8 3
 - 1 7
```

⑤
```
   4 1
 - 2 5
```

⑥
```
   3 2
 - 1 5
```

⑦
```
   7 1
 - 2 8
```

⑧
```
   6 2
 - 3 7
```

⑨
```
   6 0
 - 1 9
```

⑩
```
   9 3
 - 4 4
```

⑪
```
   6 5
 - 4 7
```

⑫
```
   7 1
 - 3 9
```

⑬
```
   9 5
 - 1 8
```

⑭
```
   8 0
 - 2 4
```

⑮
```
   5 1
 - 3 2
```

⑯
```
   7 0
 - 4 6
```

⑰
```
   9 6
 - 2 7
```

⑱
```
   3 4
 - 2 5
```

⑲
```
   8 1
 - 3 6
```

⑳
```
   7 8
 - 6 9
```

㉑
```
   9 3
 - 7 6
```

㉒
```
   7 4
 - 5 8
```

㉓
```
   8 6
 - 5 9
```

㉔
```
   9 2
 - 5 4
```

㉕
```
   5 1
 - 4 3
```

받아내림이 있는

두 자리 수 – 두 자리 수

분   초

/25

■ 다음 뺄셈을 하시오.

① 7 2
  – 3 3

② 7 7
  – 1 8

③ 8 0
  – 2 7

④ 8 1
  – 7 4

⑤ 6 3
  – 4 9

⑥ 2 1
  – 1 7

⑦ 8 0
  – 4 3

⑧ 7 2
  – 2 9

⑨ 6 3
  – 5 8

⑩ 5 6
  – 2 9

⑪ 9 2
  – 5 6

⑫ 5 0
  – 1 8

⑬ 8 3
  – 3 7

⑭ 9 3
  – 8 5

⑮ 7 4
  – 4 8

⑯ 6 5
  – 2 9

⑰ 9 1
  – 4 3

⑱ 4 6
  – 1 8

⑲ 9 5
  – 3 6

⑳ 7 0
  – 5 2

㉑ 9 4
  – 6 7

㉒ 4 0
  – 3 5

㉓ 5 4
  – 3 6

㉔ 8 1
  – 6 5

㉕ 6 7
  – 3 9

■ 다음 뺄셈을 하시오.

①
```
   5 4
-  2 8
```

②
```
   7 3
-  6 7
```

③
```
   8 1
-  3 5
```

④
```
   7 0
-  2 4
```

⑤
```
   6 8
-  4 9
```

⑥
```
   3 5
-  2 7
```

⑦
```
   5 1
-  3 6
```

⑧
```
   8 4
-  2 9
```

⑨
```
   7 2
-  3 5
```

⑩
```
   9 2
-  4 4
```

⑪
```
   9 4
-  7 6
```

⑫
```
   7 1
-  4 8
```

⑬
```
   9 6
-  2 7
```

⑭
```
   6 1
-  3 9
```

⑮
```
   8 0
-  1 6
```

⑯
```
   4 0
-  2 9
```

⑰
```
   8 3
-  5 6
```

⑱
```
   6 1
-  2 2
```

⑲
```
   9 5
-  5 8
```

⑳
```
   6 1
-  1 3
```

㉑
```
   4 2
-  1 8
```

㉒
```
   9 4
-  1 5
```

㉓
```
   7 6
-  5 9
```

㉔
```
   8 0
-  6 7
```

㉕
```
   6 3
-  5 4
```

받아내림이 있는
두 자리 수 - 두 자리 수

분   초
/25

■ 다음 뺄셈을 하시오.

①
```
  5 2
- 3 6
```

②
```
  5 4
- 1 9
```

③
```
  8 2
- 1 4
```

④
```
  9 0
- 7 8
```

⑤
```
  8 3
- 7 6
```

⑥
```
  6 7
- 3 8
```

⑦
```
  7 2
- 1 9
```

⑧
```
  6 3
- 5 8
```

⑨
```
  8 5
- 4 6
```

⑩
```
  8 0
- 2 2
```

⑪
```
  4 0
- 1 3
```

⑫
```
  9 6
- 3 8
```

⑬
```
  6 1
- 4 7
```

⑭
```
  7 3
- 3 9
```

⑮
```
  7 4
- 6 5
```

⑯
```
  4 5
- 2 9
```

⑰
```
  4 2
- 3 7
```

⑱
```
  7 0
- 4 5
```

⑲
```
  9 5
- 6 8
```

⑳
```
  5 6
- 2 7
```

㉑
```
  2 4
- 1 7
```

㉒
```
  7 3
- 5 5
```

㉓
```
  9 1
- 8 4
```

㉔
```
  6 7
- 1 9
```

㉕
```
  9 2
- 5 3
```

받아내림이 있는
두 자리 수 – 두 자리 수

분   초
/25

■ 다음 뺄셈을 하시오.

① 7 3
  – 1 6

② 8 1
  – 2 5

③ 6 0
  – 4 7

④ 4 6
  – 2 9

⑤ 9 2
  – 7 4

⑥ 8 3
  – 3 7

⑦ 4 5
  – 1 8

⑧ 7 3
  – 2 9

⑨ 9 0
  – 6 6

⑩ 8 4
  – 6 5

⑪ 5 4
  – 2 9

⑫ 9 2
  – 4 5

⑬ 7 4
  – 3 6

⑭ 5 1
  – 3 8

⑮ 9 6
  – 2 7

⑯ 7 2
  – 4 8

⑰ 9 0
  – 3 9

⑱ 6 4
  – 2 7

⑲ 8 0
  – 5 4

⑳ 5 3
  – 4 4

㉑ 8 5
  – 4 7

㉒ 7 4
  – 5 8

㉓ 8 1
  – 7 6

㉔ 6 8
  – 3 9

㉕ 9 1
  – 5 3

받아내림이 있는
두 자리 수 – 두 자리 수

분   초
/25

■ 다음 뺄셈을 하시오.

```
①    7 1        ②    8 2        ③    9 3        ④    6 0        ⑤    4 2
   －  3 4          －  6 7          －  6 8          －  2 5          －  3 3
```

```
⑥    6 1        ⑦    8 6        ⑧    9 2        ⑨    5 0        ⑩    9 7
   －  3 7          －  5 8          －  8 6          －  2 3          －  2 9
```

```
⑪    9 0        ⑫    7 3        ⑬    8 1        ⑭    3 5        ⑮    9 3
   －  3 8          －  2 5          －  4 9          －  1 6          －  7 4
```

```
⑯    8 2        ⑰    9 1        ⑱    6 5        ⑲    8 1        ⑳    7 3
   －  3 9          －  5 6          －  4 7          －  1 2          －  5 9
```

```
㉑    4 2        ㉒    5 7        ㉓    7 0        ㉔    9 2        ㉕    8 5
   －  2 5          －  3 8          －  4 2          －  4 8          －  2 9
```

받아내림이 있는
두 자리 수 - 두 자리 수

분   초
/25

■ 다음 뺄셈을 하시오.

①
```
   6 5
 - 2 7
```

②
```
   5 1
 - 3 7
```

③
```
   8 3
 - 5 4
```

④
```
   6 2
 - 5 8
```

⑤
```
   9 0
 - 5 2
```

⑥
```
   8 6
 - 6 9
```

⑦
```
   5 3
 - 1 6
```

⑧
```
   7 0
 - 2 8
```

⑨
```
   6 1
 - 4 3
```

⑩
```
   9 4
 - 6 5
```

⑪
```
   9 1
 - 2 8
```

⑫
```
   6 0
 - 3 7
```

⑬
```
   7 1
 - 3 6
```

⑭
```
   5 4
 - 2 9
```

⑮
```
   8 3
 - 2 7
```

⑯
```
   8 6
 - 4 7
```

⑰
```
   7 3
 - 4 9
```

⑱
```
   9 3
 - 7 8
```

⑲
```
   9 2
 - 3 5
```

⑳
```
   7 4
 - 6 7
```

㉑
```
   4 0
 - 2 5
```

㉒
```
   7 4
 - 5 6
```

㉓
```
   9 5
 - 1 8
```

㉔
```
   9 2
 - 4 4
```

㉕
```
   8 8
 - 3 9
```

■ 다음 뺄셈을 하시오.

① 　8 6
　- 4 8

② 　7 1
　- 3 4

③ 　2 5
　- 1 9

④ 　9 0
　- 2 3

⑤ 　6 1
　- 4 3

⑥ 　5 1
　- 2 9

⑦ 　9 2
　- 3 7

⑧ 　8 0
　- 2 6

⑨ 　7 1
　- 4 7

⑩ 　6 3
　- 1 5

⑪ 　7 2
　- 2 3

⑫ 　3 4
　- 2 7

⑬ 　6 1
　- 3 2

⑭ 　9 3
　- 4 8

⑮ 　8 0
　- 6 9

⑯ 　8 1
　- 3 5

⑰ 　5 7
　- 3 9

⑱ 　9 4
　- 5 6

⑲ 　7 2
　- 5 6

⑳ 　9 1
　- 7 8

㉑ 　9 0
　- 6 4

㉒ 　8 2
　- 7 9

㉓ 　6 7
　- 2 8

㉔ 　8 5
　- 5 6

㉕ 　4 8
　- 2 9

■ 다음 뺄셈을 하시오.

① 65
  - 47

② 74
  - 28

③ 80
  - 35

④ 41
  - 18

⑤ 91
  - 23

⑥ 51
  - 36

⑦ 92
  - 38

⑧ 73
  - 19

⑨ 80
  - 27

⑩ 72
  - 35

⑪ 90
  - 78

⑫ 81
  - 67

⑬ 73
  - 46

⑭ 92
  - 44

⑮ 64
  - 27

⑯ 76
  - 59

⑰ 54
  - 46

⑱ 93
  - 54

⑲ 83
  - 47

⑳ 68
  - 39

㉑ 46
  - 27

㉒ 95
  - 68

㉓ 94
  - 85

㉔ 84
  - 59

㉕ 50
  - 22

받아내림이 있는
두 자리 수 – 두 자리 수

분   초
/25

■ 다음 뺄셈을 하시오.

① 9 2
－ 4 3

② 8 1
－ 1 5

③ 6 4
－ 3 7

④ 5 0
－ 3 9

⑤ 8 4
－ 2 5

⑥ 8 1
－ 3 9

⑦ 4 2
－ 3 7

⑧ 7 0
－ 2 6

⑨ 9 3
－ 7 8

⑩ 8 1
－ 6 4

⑪ 5 6
－ 2 8

⑫ 9 3
－ 6 5

⑬ 7 2
－ 3 9

⑭ 9 0
－ 2 4

⑮ 6 4
－ 2 8

⑯ 3 2
－ 1 6

⑰ 9 5
－ 3 9

⑱ 7 3
－ 4 7

⑲ 8 1
－ 4 2

⑳ 4 6
－ 2 9

㉑ 7 0
－ 5 3

㉒ 9 7
－ 5 8

㉓ 6 5
－ 4 6

㉔ 8 7
－ 5 9

㉕ 7 5
－ 6 8

4O단계

교재 번호 : 40:01~40:10

■ 학습 일정 관리표

	공부한 날	정답수	오답수	소요시간	표준완성시간
40-01호				분 초	
40-02호				분 초	
40-03호				분 초	
40-04호				분 초	1,2학년 : 4분이내
40-05호				분 초	
40-06호				분 초	3,4학년 : 2분이내
40-07호				분 초	
40-08호				분 초	5,6학년 : 1분이내
40-09호				분 초	
40-10호				분 초	

40단계

받아내림이 있는
두 자 리 수 − 두 자 리 수

39단계와 같이 십의 자리에서 받아내림이 있는 두 자리 수의 뺄셈을 공부하며 앞 단계와 같은 계산법입니다.

⊙ 십의 자리에서 받아내림이 있는 경우

❶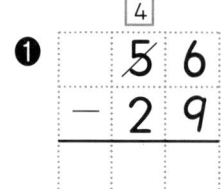

❶ 일의 자리 수 6에서 9를 뺄 수 없으므로 십의 자리에서 1을 빌려오고, 십의 자리 수 5는 지우고 4를 작게 씁니다.

❷

$$\begin{array}{c} \overset{4}{\cancel{5}} \overset{10}{6} \\ - \ 2 \ 9 \\ \hline \ \ 7 \end{array}$$

일의 자리 계산

❷ 일의 자리 6 위에 10을 작게 쓰고 16 − 9를 계산한 수 7을 일의 자리에 씁니다.

❸

$$\begin{array}{c} \overset{4}{\cancel{5}} \overset{10}{\cancel{6}} \\ - \ 2 \ 9 \\ \hline \ 2 \ 7 \end{array}$$

십의 자리 계산

❸ 십의 자리는 4 − 2를 계산한 수 2를 내려 씁니다.

지도내용 받아내림이 있는 두 자리 수의 뺄셈은 십의 자리에서 빌려 온 것을 기억하여 일의 자리 계산을 해야 합니다. 십의 자리 수 '1'은 일의 자리에서는 '10'이 된다는 것을 이해해야 합니다.

■ 다음 뺄셈을 하시오.

①	②	③	④	⑤
7 6 − 4 8	6 2 − 1 5	8 3 − 2 9	4 1 − 2 8	9 6 − 4 7

⑥	⑦	⑧	⑨	⑩
8 3 − 7 6	8 2 − 3 9	7 3 − 2 8	9 2 − 3 4	5 7 − 3 9

⑪	⑫	⑬	⑭	⑮
9 4 − 5 8	8 2 − 4 7	7 4 − 3 9	5 1 − 2 5	9 4 − 7 6

⑯	⑰	⑱	⑲	⑳
4 5 − 3 9	8 2 − 5 6	9 4 − 2 7	9 3 − 1 5	6 5 − 2 7

㉑	㉒	㉓	㉔	㉕
8 3 − 6 7	6 5 − 3 8	7 5 − 5 6	9 6 − 6 9	6 2 − 4 8

■ 다음 뺄셈을 하시오.

| ① 67 − 49 | ② 83 − 46 | ③ 55 − 17 | ④ 92 − 54 | ⑤ 76 − 29 |

| ⑥ 84 − 37 | ⑦ 76 − 68 | ⑧ 65 − 29 | ⑨ 71 − 36 | ⑩ 92 − 68 |

| ⑪ 93 − 28 | ⑫ 52 − 26 | ⑬ 74 − 45 | ⑭ 82 − 59 | ⑮ 83 − 15 |

| ⑯ 83 − 29 | ⑰ 62 − 37 | ⑱ 45 − 28 | ⑲ 94 − 36 | ⑳ 77 − 58 |

| ㉑ 54 − 38 | ㉒ 91 − 49 | ㉓ 84 − 69 | ㉔ 93 − 87 | ㉕ 92 − 75 |

받아내림이 있는
두 자리 수 − 두 자리 수

분　　초
/25

■ 다음 뺄셈을 하시오.

① 9 1
− 5 2

② 6 3
− 4 7

③ 5 6
− 2 9

④ 7 4
− 2 6

⑤ 5 2
− 4 8

⑥ 5 2
− 3 7

⑦ 3 7
− 2 9

⑧ 8 3
− 2 6

⑨ 9 3
− 4 4

⑩ 7 4
− 3 9

⑪ 9 2
− 7 9

⑫ 8 1
− 3 7

⑬ 7 6
− 4 8

⑭ 3 4
− 1 7

⑮ 9 3
− 2 8

⑯ 8 3
− 4 5

⑰ 9 4
− 3 8

⑱ 7 2
− 5 6

⑲ 6 5
− 3 7

⑳ 8 5
− 6 9

㉑ 6 3
− 2 9

㉒ 9 2
− 6 5

㉓ 4 5
− 2 8

㉔ 8 2
− 5 4

㉕ 7 8
− 1 9

■ 다음 뺄셈을 하시오.

① 7 2 − 2 5

② 4 1 − 2 4

③ 6 2 − 4 7

④ 8 6 − 2 9

⑤ 5 5 − 2 6

⑥ 6 5 − 5 9

⑦ 8 3 − 3 7

⑧ 9 3 − 2 5

⑨ 4 6 − 1 8

⑩ 7 2 − 3 9

⑪ 9 4 − 3 7

⑫ 2 3 − 1 9

⑬ 5 2 − 3 8

⑭ 8 1 − 4 3

⑮ 7 3 − 4 6

⑯ 9 4 − 7 8

⑰ 4 2 − 3 6

⑱ 8 2 − 5 3

⑲ 9 4 − 4 6

⑳ 6 5 − 3 8

㉑ 8 5 − 6 7

㉒ 9 3 − 5 8

㉓ 6 4 − 2 9

㉔ 7 2 − 5 4

㉕ 9 7 − 6 9

받아내림이 있는
두 자리 수 - 두 자리 수

분　　　초
/25

■ 다음 뺄셈을 하시오.

①
$$\begin{array}{r} 6\ 1 \\ -\ 3\ 8 \\ \hline \end{array}$$

②
$$\begin{array}{r} 9\ 7 \\ -\ 2\ 8 \\ \hline \end{array}$$

③
$$\begin{array}{r} 8\ 4 \\ -\ 7\ 9 \\ \hline \end{array}$$

④
$$\begin{array}{r} 7\ 3 \\ -\ 2\ 8 \\ \hline \end{array}$$

⑤
$$\begin{array}{r} 5\ 6 \\ -\ 3\ 7 \\ \hline \end{array}$$

⑥
$$\begin{array}{r} 5\ 2 \\ -\ 2\ 7 \\ \hline \end{array}$$

⑦
$$\begin{array}{r} 7\ 3 \\ -\ 3\ 9 \\ \hline \end{array}$$

⑧
$$\begin{array}{r} 9\ 1 \\ -\ 3\ 5 \\ \hline \end{array}$$

⑨
$$\begin{array}{r} 6\ 2 \\ -\ 2\ 8 \\ \hline \end{array}$$

⑩
$$\begin{array}{r} 8\ 2 \\ -\ 2\ 4 \\ \hline \end{array}$$

⑪
$$\begin{array}{r} 7\ 2 \\ -\ 4\ 6 \\ \hline \end{array}$$

⑫
$$\begin{array}{r} 9\ 3 \\ -\ 4\ 7 \\ \hline \end{array}$$

⑬
$$\begin{array}{r} 6\ 4 \\ -\ 1\ 8 \\ \hline \end{array}$$

⑭
$$\begin{array}{r} 8\ 2 \\ -\ 3\ 9 \\ \hline \end{array}$$

⑮
$$\begin{array}{r} 4\ 5 \\ -\ 2\ 7 \\ \hline \end{array}$$

⑯
$$\begin{array}{r} 6\ 5 \\ -\ 4\ 9 \\ \hline \end{array}$$

⑰
$$\begin{array}{r} 8\ 6 \\ -\ 4\ 8 \\ \hline \end{array}$$

⑱
$$\begin{array}{r} 7\ 2 \\ -\ 5\ 5 \\ \hline \end{array}$$

⑲
$$\begin{array}{r} 9\ 4 \\ -\ 5\ 6 \\ \hline \end{array}$$

⑳
$$\begin{array}{r} 8\ 7 \\ -\ 6\ 9 \\ \hline \end{array}$$

㉑
$$\begin{array}{r} 9\ 3 \\ -\ 7\ 6 \\ \hline \end{array}$$

㉒
$$\begin{array}{r} 8\ 4 \\ -\ 5\ 7 \\ \hline \end{array}$$

㉓
$$\begin{array}{r} 9\ 6 \\ -\ 1\ 9 \\ \hline \end{array}$$

㉔
$$\begin{array}{r} 7\ 5 \\ -\ 6\ 8 \\ \hline \end{array}$$

㉕
$$\begin{array}{r} 9\ 3 \\ -\ 6\ 5 \\ \hline \end{array}$$

받아내림이 있는

두 자리 수 − 두 자리 수

분   초

/25

■ 다음 뺄셈을 하시오.

| ① 8 3 − 4 9 | ② 5 2 − 1 7 | ③ 9 4 − 7 5 | ④ 4 5 − 2 8 | ⑤ 7 2 − 3 4 |

| ⑥ 7 2 − 2 6 | ⑦ 8 6 − 2 8 | ⑧ 3 3 − 2 7 | ⑨ 8 4 − 6 9 | ⑩ 9 1 − 2 6 |

| ⑪ 8 2 − 3 9 | ⑫ 9 4 − 3 7 | ⑬ 6 1 − 4 9 | ⑭ 9 3 − 8 5 | ⑮ 5 4 − 2 8 |

| ⑯ 6 5 − 2 7 | ⑰ 9 3 − 4 6 | ⑱ 7 5 − 4 9 | ⑲ 8 3 − 5 8 | ⑳ 5 8 − 3 9 |

| ㉑ 7 2 − 5 8 | ㉒ 9 7 − 6 9 | ㉓ 8 4 − 1 6 | ㉔ 6 2 − 3 5 | ㉕ 9 6 − 5 9 |

받아내림이 있는
두 자리 수 - 두 자리 수

분   초
/25

■ 다음 뺄셈을 하시오.

| ① 9 4 − 5 7 | ② 4 3 − 2 5 | ③ 5 2 − 4 3 | ④ 8 3 − 6 6 | ⑤ 9 2 − 6 9 |

| ⑥ 8 3 − 5 9 | ⑦ 5 6 − 2 8 | ⑧ 9 1 − 4 2 | ⑨ 6 2 − 4 8 | ⑩ 7 5 − 2 7 |

| ⑪ 9 2 − 2 6 | ⑫ 7 4 − 3 9 | ⑬ 4 3 − 3 8 | ⑭ 8 2 − 4 7 | ⑮ 7 3 − 1 4 |

| ⑯ 6 7 − 3 9 | ⑰ 9 4 − 3 8 | ⑱ 7 5 − 4 9 | ⑲ 8 2 − 3 4 | ⑳ 5 3 − 3 7 |

| ㉑ 6 1 − 2 7 | ㉒ 9 5 − 7 8 | ㉓ 8 4 − 2 6 | ㉔ 7 6 − 5 9 | ㉕ 3 2 − 1 5 |

■ 다음 뺄셈을 하시오.

①
```
    4 6
 -  1 8
```

②
```
    8 5
 -  3 9
```

③
```
    7 8
 -  2 9
```

④
```
    9 1
 -  5 5
```

⑤
```
    6 3
 -  2 8
```

⑥
```
    7 4
 -  3 9
```

⑦
```
    9 1
 -  6 8
```

⑧
```
    6 5
 -  3 7
```

⑨
```
    8 2
 -  2 7
```

⑩
```
    6 3
 -  5 9
```

⑪
```
    9 7
 -  2 8
```

⑫
```
    8 7
 -  4 9
```

⑬
```
    5 2
 -  4 9
```

⑭
```
    7 1
 -  5 4
```

⑮
```
    2 3
 -  1 7
```

⑯
```
    8 1
 -  5 3
```

⑰
```
    6 5
 -  4 8
```

⑱
```
    7 6
 -  4 9
```

⑲
```
    9 2
 -  3 6
```

⑳
```
    4 3
 -  2 5
```

㉑
```
    5 4
 -  3 7
```

㉒
```
    8 6
 -  6 7
```

㉓
```
    9 4
 -  4 6
```

㉔
```
    8 5
 -  7 6
```

㉕
```
    9 4
 -  7 8
```

■ 다음 뺄셈을 하시오.

① 74
 - 69

② 63
 - 27

③ 91
 - 72

④ 73
 - 28

⑤ 85
 - 29

⑥ 84
 - 36

⑦ 92
 - 63

⑧ 62
 - 18

⑨ 71
 - 39

⑩ 64
 - 47

⑪ 51
 - 26

⑫ 92
 - 87

⑬ 92
 - 54

⑭ 76
 - 49

⑮ 93
 - 24

⑯ 83
 - 49

⑰ 92
 - 36

⑱ 76
 - 58

⑲ 84
 - 15

⑳ 87
 - 69

㉑ 45
 - 28

㉒ 81
 - 57

㉓ 58
 - 39

㉔ 93
 - 46

㉕ 62
 - 35

받아내림이 있는
두 자리 수 – 두 자리 수

분   초
/25

■ 다음 뺄셈을 하시오.

① 8 3
– 5 7

② 3 1
– 2 5

③ 9 1
– 2 3

④ 6 4
– 3 8

⑤ 8 5
– 2 9

⑥ 7 2
– 4 9

⑦ 9 3
– 1 6

⑧ 8 2
– 6 4

⑨ 8 4
– 3 5

⑩ 4 6
– 2 7

⑪ 5 4
– 4 7

⑫ 9 1
– 3 4

⑬ 7 2
– 3 8

⑭ 6 3
– 2 5

⑮ 9 5
– 7 8

⑯ 8 6
– 4 8

⑰ 5 7
– 1 8

⑱ 9 5
– 4 6

⑲ 7 3
– 2 9

⑳ 5 4
– 2 6

㉑ 7 6
– 5 9

㉒ 9 3
– 6 8

㉓ 6 2
– 4 5

㉔ 9 5
– 5 7

㉕ 5 1
– 3 8

이 교재를 다 마친 후 실시해 주십시오.

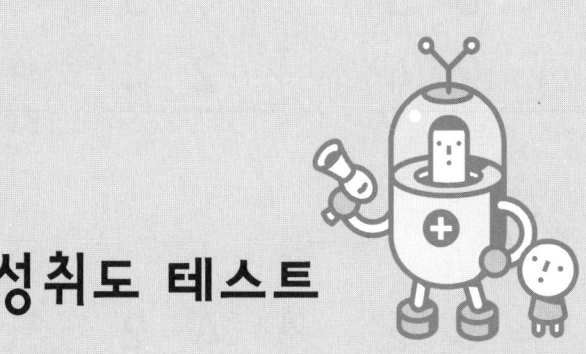

B-2
75문항 / 소요시간 6분

성취도 테스트

성취도 테스트 실시 목적
지금까지 학습한 B-2 과정을 정확하고 빠르게 습득했는지
성취도를 테스트하기 위하여 실시합니다.
이 교재의 어느 부분이 부족한지 오답의 성질을 분석, 약점을
보완하고 지도 자료로 활용합니다.
다음 교재 학습을 위하여 즐겁고 자신있게 풀 수 있도록 동기를
부여하고 자극을 주는 데 목적이 있습니다.

실시방법
먼저 실시 년, 월, 일을 쓰고 시간을 정확히 재면서 문제를
풀도록 합니다.
가능하면 소요시간 내에 풀게 하고, 시간 이내에 풀지 못하면
푼 데까지 표시 후 다 풀도록 해 주세요.
채점은 교사나 어머니께서 직접 해 주시고 정답 수를 기록합니다.

실시 년 월 일	년	월	일	소요 시간	/ 6분

■ 다음 계산을 하시오.

①
$$
\begin{array}{r} 3\ 4 \\ +\ 6\ 2 \\ \hline \end{array}
$$

②
$$
\begin{array}{r} 4\ 2 \\ +\ 3\ 6 \\ \hline \end{array}
$$

③
$$
\begin{array}{r} 6\ 3 \\ +\ 2\ 4 \\ \hline \end{array}
$$

④
$$
\begin{array}{r} 7\ 5 \\ +\ 2\ 4 \\ \hline \end{array}
$$

⑤
$$
\begin{array}{r} 3\ 1 \\ +\ 1\ 2 \\ \hline \end{array}
$$

⑥
$$
\begin{array}{r} 7\ 5 \\ +\ 1\ 2 \\ \hline \end{array}
$$

⑦
$$
\begin{array}{r} 4\ 4 \\ +\ 2\ 5 \\ \hline \end{array}
$$

⑧
$$
\begin{array}{r} 3\ 5 \\ +\ 2\ 1 \\ \hline \end{array}
$$

⑨
$$
\begin{array}{r} 4\ 2 \\ +\ 2\ 2 \\ \hline \end{array}
$$

⑩
$$
\begin{array}{r} 2\ 3 \\ +\ 5\ 2 \\ \hline \end{array}
$$

⑪
$$
\begin{array}{r} 3\ 1 \\ +\ 3\ 5 \\ \hline \end{array}
$$

⑫
$$
\begin{array}{r} 4\ 3 \\ +\ 5\ 1 \\ \hline \end{array}
$$

⑬
$$
\begin{array}{r} 6\ 8 \\ +\ 2\ 1 \\ \hline \end{array}
$$

⑭
$$
\begin{array}{r} 2\ 5 \\ +\ 6\ 2 \\ \hline \end{array}
$$

⑮
$$
\begin{array}{r} 4\ 3 \\ +\ 3\ 3 \\ \hline \end{array}
$$

⑯
$$
\begin{array}{r} 4\ 1 \\ +\ 4\ 4 \\ \hline \end{array}
$$

⑰
$$
\begin{array}{r} 1\ 5 \\ +\ 7\ 3 \\ \hline \end{array}
$$

⑱
$$
\begin{array}{r} 2\ 6 \\ +\ 5\ 3 \\ \hline \end{array}
$$

⑲
$$
\begin{array}{r} 4\ 8 \\ +\ 2\ 1 \\ \hline \end{array}
$$

⑳
$$
\begin{array}{r} 7\ 1 \\ +\ 2\ 2 \\ \hline \end{array}
$$

㉑
$$
\begin{array}{r} 7\ 9 \\ -\ 5\ 4 \\ \hline \end{array}
$$

㉒
$$
\begin{array}{r} 9\ 7 \\ -\ 5\ 2 \\ \hline \end{array}
$$

㉓
$$
\begin{array}{r} 8\ 7 \\ -\ 4\ 5 \\ \hline \end{array}
$$

㉔
$$
\begin{array}{r} 5\ 4 \\ -\ 2\ 1 \\ \hline \end{array}
$$

㉕
$$
\begin{array}{r} 6\ 9 \\ -\ 3\ 4 \\ \hline \end{array}
$$

■ 다음 계산을 하시오.

㉖
```
   7 6
 - 3 4
```

㉗
```
   9 3
 - 4 1
```

㉘
```
   7 5
 - 2 2
```

㉙
```
   8 6
 - 6 5
```

㉚
```
   3 4
 - 2 1
```

㉛
```
   8 8
 - 6 5
```

㉜
```
   3 9
 - 1 2
```

㉝
```
   7 4
 - 6 2
```

㉞
```
   7 9
 - 2 4
```

㉟
```
   9 5
 - 6 3
```

㊱
```
   2 8
 - 1 3
```

㊲
```
   8 9
 - 1 6
```

㊳
```
   9 7
 - 1 2
```

㊴
```
   5 6
 - 3 2
```

㊵
```
   9 8
 - 2 4
```

㊶
```
   4 7
 +   9
```

㊷
```
   8 8
 +   8
```

㊸
```
   1 7
 +   7
```

㊹
```
   2 6
 +   5
```

㊺
```
   8 7
 +   7
```

㊻
```
   3 6
 -   7
```

㊼
```
   4 1
 -   2
```

㊽
```
   5 4
 -   6
```

㊾
```
   7 1
 -   3
```

㊿
```
   9 3
 -   4
```

■ 다음 계산을 하시오.

(51) 29 + 43 =

(52) 69 + 19 =

(53) 32 + 49 =

(54) 26 + 47 =

(55) 38 + 17 =

(56) 74 + 53 =

(57) 69 + 24 =

(58) 62 + 29 =

(59) 63 + 54 =

(60) 76 + 14 =

(61) 78 + 96 =

(62) 34 + 98 =

(63) 17 + 97 =

(64) 42 + 78 =

(65) 62 − 28 =

(66) 65 − 47 =

(67) 70 − 46 =

(68) 92 − 54 =

(69) 50 − 39 =

(70) 75 − 68 =

(71) 32 − 16 =

(72) 81 − 39 =

(73) 74 − 69 =

(74) 87 − 69 =

(75) 92 − 54 =

성취도 테스트 결과표

B-2
75문항 / 소요시간 6분

소요시간 :		정답 수 :		/ 75문항

구분	성취도 테스트 결과			
정답 수	75~69	68~60	59~48	47~
성취도	A	B	C	D

A. (아주 잘함) : 충분히 이해했으니 다음 단계로 가세요.

B. (잘함) : 학습 내용은 충분히 잘 이해했으나 틀린 부분을 다시 한 번 꼼꼼히 체크하세요.

C. (보통임) : 학습 내용 중 부족한 부분이 있으니 다시 한 번 복습하세요.

D. (부족함) : 다음 단계로 가기에는 부족합니다. 다시 한 번 학습하세요.

성취도 테스트 정답

① 96 ② 78 ③ 87 ④ 99 ⑤ 43 ⑥ 87 ⑦ 69 ⑧ 56
⑨ 64 ⑩ 75 ⑪ 66 ⑫ 94 ⑬ 89 ⑭ 87 ⑮ 76 ⑯ 85
⑰ 88 ⑱ 79 ⑲ 69 ⑳ 93 ㉑ 25 ㉒ 45 ㉓ 42 ㉔ 33
㉕ 35 ㉖ 42 ㉗ 52 ㉘ 53 ㉙ 21 ㉚ 13 ㉛ 23 ㉜ 27
㉝ 12 ㉞ 55 ㉟ 32 ㊱ 15 ㊲ 73 ㊳ 85 ㊴ 24 ㊵ 74

㊶ 56 ㊷ 96 ㊸ 24 ㊹ 31 ㊺ 94 ㊻ 29 ㊼ 39 ㊽ 48
㊾ 68 ㊿ 89 ⑤72 ⑤88 ⑤81 ⑤73 ⑤55 ⑤127
⑤93 ⑤91 ⑤117 ⑥90 ⑥174 ⑥132 ⑥114 ⑥120
⑥34 ⑥18 ⑥24 ⑥38 ⑥11 ⑦7 ⑦16 ⑦42
⑦5 ⑦18 ⑦38

B-2 자연수의 덧셈과 뺄셈 (실력)

정답

31~01
① 65 ② 77 ③ 89 ④ 84 ⑤ 89 ⑥ 78 ⑦ 78 ⑧ 49
⑨ 96 ⑩ 49 ⑪ 99 ⑫ 57 ⑬ 69 ⑭ 68 ⑮ 78 ⑯ 96
⑰ 96 ⑱ 88 ⑲ 97 ⑳ 95 ㉑ 69 ㉒ 76 ㉓ 94 ㉔ 87
㉕ 57

31~06
① 79 ② 66 ③ 46 ④ 49 ⑤ 75 ⑥ 77 ⑦ 98 ⑧ 58
⑨ 85 ⑩ 88 ⑪ 86 ⑫ 58 ⑬ 88 ⑭ 85 ⑮ 66 ⑯ 59
⑰ 69 ⑱ 99 ⑲ 97 ⑳ 92 ㉑ 77 ㉒ 97 ㉓ 69 ㉔ 89
㉕ 94

31~02
① 43 ② 98 ③ 77 ④ 88 ⑤ 89 ⑥ 86 ⑦ 76 ⑧ 99
⑨ 79 ⑩ 66 ⑪ 94 ⑫ 58 ⑬ 58 ⑭ 95 ⑮ 88 ⑯ 97
⑰ 79 ⑱ 89 ⑲ 57 ⑳ 76 ㉑ 98 ㉒ 67 ㉓ 95 ㉔ 79
㉕ 99

31~07
① 64 ② 68 ③ 89 ④ 86 ⑤ 98 ⑥ 56 ⑦ 77 ⑧ 76
⑨ 92 ⑩ 98 ⑪ 65 ⑫ 59 ⑬ 94 ⑭ 87 ⑮ 99 ⑯ 87
⑰ 59 ⑱ 47 ⑲ 68 ⑳ 89 ㉑ 78 ㉒ 95 ㉓ 79 ㉔ 38
㉕ 79

31~03
① 87 ② 77 ③ 98 ④ 69 ⑤ 94 ⑥ 85 ⑦ 74 ⑧ 66
⑨ 39 ⑩ 53 ⑪ 88 ⑫ 47 ⑬ 98 ⑭ 95 ⑮ 69 ⑯ 96
⑰ 75 ⑱ 78 ⑲ 78 ⑳ 99 ㉑ 86 ㉒ 58 ㉓ 87 ㉔ 69
㉕ 99

31~08
① 86 ② 59 ③ 78 ④ 87 ⑤ 69 ⑥ 98 ⑦ 84 ⑧ 58
⑨ 96 ⑩ 88 ⑪ 95 ⑫ 65 ⑬ 49 ⑭ 89 ⑮ 76 ⑯ 98
⑰ 87 ⑱ 77 ⑲ 97 ⑳ 69 ㉑ 85 ㉒ 39 ㉓ 76 ㉔ 79
㉕ 94

31~04
① 98 ② 65 ③ 79 ④ 78 ⑤ 58 ⑥ 87 ⑦ 67 ⑧ 77
⑨ 92 ⑩ 54 ⑪ 96 ⑫ 59 ⑬ 79 ⑭ 66 ⑮ 49 ⑯ 94
⑰ 59 ⑱ 86 ⑲ 77 ⑳ 86 ㉑ 99 ㉒ 85 ㉓ 88 ㉔ 88
㉕ 98

31~09
① 99 ② 69 ③ 87 ④ 56 ⑤ 86 ⑥ 55 ⑦ 56 ⑧ 78
⑨ 99 ⑩ 92 ⑪ 85 ⑫ 75 ⑬ 78 ⑭ 94 ⑮ 68 ⑯ 89
⑰ 79 ⑱ 37 ⑲ 64 ⑳ 87 ㉑ 49 ㉒ 76 ㉓ 98 ㉔ 79
㉕ 98

31~05
① 57 ② 99 ③ 88 ④ 77 ⑤ 96 ⑥ 64 ⑦ 98 ⑧ 67
⑨ 96 ⑩ 56 ⑪ 78 ⑫ 38 ⑬ 89 ⑭ 99 ⑮ 75 ⑯ 88
⑰ 86 ⑱ 49 ⑲ 43 ⑳ 87 ㉑ 75 ㉒ 79 ㉓ 89 ㉔ 67
㉕ 99

31~10
① 49 ② 58 ③ 95 ④ 68 ⑤ 78 ⑥ 96 ⑦ 58 ⑧ 89
⑨ 88 ⑩ 85 ⑪ 84 ⑫ 96 ⑬ 49 ⑭ 79 ⑮ 56 ⑯ 69
⑰ 38 ⑱ 96 ⑲ 97 ⑳ 79 ㉑ 99 ㉒ 97 ㉓ 68 ㉔ 87
㉕ 79

32~01
① 27 ② 43 ③ 34 ④ 55 ⑤ 33 ⑥ 62 ⑦ 23 ⑧ 12
⑨ 24 ⑩ 74 ⑪ 22 ⑫ 26 ⑬ 51 ⑭ 43 ⑮ 55 ⑯ 15
⑰ 63 ⑱ 27 ⑲ 32 ⑳ 43 ㉑ 36 ㉒ 32 ㉓ 21 ㉔ 32
㉕ 42

32~02
① 43 ② 24 ③ 32 ④ 62 ⑤ 36 ⑥ 42 ⑦ 25 ⑧ 73
⑨ 31 ⑩ 57 ⑪ 46 ⑫ 22 ⑬ 32 ⑭ 85 ⑮ 62 ⑯ 43
⑰ 24 ⑱ 15 ⑲ 31 ⑳ 32 ㉑ 23 ㉒ 14 ㉓ 54 ㉔ 23
㉕ 71

32~03
① 21 ② 36 ③ 53 ④ 35 ⑤ 42 ⑥ 45 ⑦ 31 ⑧ 42
⑨ 14 ⑩ 34 ⑪ 25 ⑫ 24 ⑬ 73 ⑭ 24 ⑮ 33 ⑯ 42
⑰ 66 ⑱ 53 ⑲ 53 ⑳ 22 ㉑ 26 ㉒ 33 ㉓ 22 ㉔ 17
㉕ 62

32~04
① 62 ② 21 ③ 37 ④ 52 ⑤ 26 ⑥ 52 ⑦ 46 ⑧ 32
⑨ 23 ⑩ 11 ⑪ 47 ⑫ 43 ⑬ 45 ⑭ 25 ⑮ 75 ⑯ 22
⑰ 44 ⑱ 14 ⑲ 22 ⑳ 34 ㉑ 53 ㉒ 28 ㉓ 33 ㉔ 63
㉕ 34

32~05
① 23 ② 25 ③ 21 ④ 16 ⑤ 46 ⑥ 35 ⑦ 55 ⑧ 12
⑨ 64 ⑩ 34 ⑪ 42 ⑫ 54 ⑬ 44 ⑭ 35 ⑮ 52 ⑯ 22
⑰ 16 ⑱ 33 ⑲ 33 ⑳ 72 ㉑ 27 ㉒ 61 ㉓ 32 ㉔ 22
㉕ 43

32~06
① 42 ② 31 ③ 22 ④ 12 ⑤ 75 ⑥ 55 ⑦ 63 ⑧ 21
⑨ 36 ⑩ 33 ⑪ 45 ⑫ 58 ⑬ 27 ⑭ 52 ⑮ 44 ⑯ 64
⑰ 24 ⑱ 32 ⑲ 24 ⑳ 42 ㉑ 43 ㉒ 25 ㉓ 26 ㉔ 73
㉕ 31

32~07
① 25 ② 26 ③ 33 ④ 31 ⑤ 34 ⑥ 26 ⑦ 31 ⑧ 66
⑨ 45 ⑩ 42 ⑪ 12 ⑫ 55 ⑬ 27 ⑭ 25 ⑮ 42 ⑯ 24
⑰ 33 ⑱ 63 ⑲ 54 ⑳ 12 ㉑ 34 ㉒ 23 ㉓ 72 ㉔ 51
㉕ 43

32~08
① 13 ② 54 ③ 42 ④ 72 ⑤ 42 ⑥ 25 ⑦ 33 ⑧ 23
⑨ 27 ⑩ 61 ⑪ 34 ⑫ 46 ⑬ 84 ⑭ 24 ⑮ 42 ⑯ 72
⑰ 12 ⑱ 26 ⑲ 24 ⑳ 52 ㉑ 53 ㉒ 65 ㉓ 33 ㉔ 35
㉕ 31

32~09
① 42 ② 32 ③ 63 ④ 23 ⑤ 51 ⑥ 32 ⑦ 43 ⑧ 63
⑨ 26 ⑩ 21 ⑪ 45 ⑫ 45 ⑬ 47 ⑭ 35 ⑮ 12 ⑯ 56
⑰ 74 ⑱ 12 ⑲ 54 ⑳ 22 ㉑ 24 ㉒ 34 ㉓ 36 ㉔ 23
㉕ 35

32~10
① 22 ② 35 ③ 35 ④ 24 ⑤ 33 ⑥ 44 ⑦ 46 ⑧ 11
⑨ 22 ⑩ 63 ⑪ 28 ⑫ 55 ⑬ 42 ⑭ 75 ⑮ 23 ⑯ 42
⑰ 32 ⑱ 16 ⑲ 61 ⑳ 34 ㉑ 24 ㉒ 57 ㉓ 73 ㉔ 52
㉕ 23

33~01
① 32 ② 84 ③ 45 ④ 52 ⑤ 77 ⑥ 23 ⑦ 94 ⑧ 40
⑨ 30 ⑩ 23 ⑪ 71 ⑫ 24 ⑬ 81 ⑭ 61 ⑮ 56 ⑯ 41
⑰ 70 ⑱ 25 ⑲ 97 ⑳ 62 ㉑ 61 ㉒ 58 ㉓ 80 ㉔ 33
㉕ 96

33~06
① 32 ② 75 ③ 21 ④ 81 ⑤ 90 ⑥ 40 ⑦ 33 ⑧ 73
⑨ 81 ⑩ 50 ⑪ 97 ⑫ 22 ⑬ 55 ⑭ 44 ⑮ 61 ⑯ 51
⑰ 32 ⑱ 20 ⑲ 74 ⑳ 98 ㉑ 42 ㉒ 61 ㉓ 75 ㉔ 82
㉕ 61

33~02
① 42 ② 71 ③ 20 ④ 52 ⑤ 31 ⑥ 30 ⑦ 62 ⑧ 90
⑨ 24 ⑩ 45 ⑪ 45 ⑫ 62 ⑬ 72 ⑭ 57 ⑮ 23 ⑯ 81
⑰ 30 ⑱ 50 ⑲ 84 ⑳ 31 ㉑ 95 ㉒ 63 ㉓ 73 ㉔ 81
㉕ 96

33~07
① 62 ② 36 ③ 22 ④ 44 ⑤ 50 ⑥ 42 ⑦ 92 ⑧ 65
⑨ 81 ⑩ 32 ⑪ 90 ⑫ 85 ⑬ 77 ⑭ 83 ⑮ 23 ⑯ 31
⑰ 21 ⑱ 53 ⑲ 72 ⑳ 63 ㉑ 76 ㉒ 85 ㉓ 57 ㉔ 41
㉕ 93

33~03
① 53 ② 22 ③ 62 ④ 44 ⑤ 83 ⑥ 51 ⑦ 60 ⑧ 31
⑨ 44 ⑩ 93 ⑪ 21 ⑫ 82 ⑬ 74 ⑭ 45 ⑮ 60 ⑯ 34
⑰ 66 ⑱ 22 ⑲ 90 ⑳ 77 ㉑ 53 ㉒ 81 ㉓ 71 ㉔ 45
㉕ 31

33~08
① 73 ② 24 ③ 50 ④ 96 ⑤ 64 ⑥ 91 ⑦ 41 ⑧ 74
⑨ 21 ⑩ 58 ⑪ 84 ⑫ 30 ⑬ 63 ⑭ 20 ⑮ 92 ⑯ 36
⑰ 80 ⑱ 40 ⑲ 71 ⑳ 31 ㉑ 50 ㉒ 73 ㉓ 42 ㉔ 85
㉕ 66

33~04
① 84 ② 53 ③ 31 ④ 71 ⑤ 21 ⑥ 42 ⑦ 80 ⑧ 61
⑨ 45 ⑩ 37 ⑪ 23 ⑫ 52 ⑬ 36 ⑭ 90 ⑮ 66 ⑯ 98
⑰ 82 ⑱ 23 ⑲ 54 ⑳ 70 ㉑ 55 ㉒ 65 ㉓ 74 ㉔ 47
㉕ 92

33~09
① 95 ② 74 ③ 37 ④ 81 ⑤ 52 ⑥ 20 ⑦ 63 ⑧ 72
⑨ 57 ⑩ 45 ⑪ 42 ⑫ 93 ⑬ 43 ⑭ 60 ⑮ 20 ⑯ 32
⑰ 82 ⑱ 71 ⑲ 91 ⑳ 52 ㉑ 25 ㉒ 85 ㉓ 74 ㉔ 33
㉕ 63

33~05
① 71 ② 63 ③ 94 ④ 87 ⑤ 70 ⑥ 23 ⑦ 94 ⑧ 70
⑨ 62 ⑩ 85 ⑪ 58 ⑫ 92 ⑬ 73 ⑭ 42 ⑮ 26 ⑯ 81
⑰ 55 ⑱ 31 ⑲ 32 ⑳ 43 ㉑ 60 ㉒ 26 ㉓ 54 ㉔ 41
㉕ 91

33~10
① 35 ② 50 ③ 71 ④ 84 ⑤ 61 ⑥ 94 ⑦ 23 ⑧ 45
⑨ 62 ⑩ 53 ⑪ 72 ⑫ 36 ⑬ 94 ⑭ 42 ⑮ 22 ⑯ 26
⑰ 50 ⑱ 36 ⑲ 63 ⑳ 81 ㉑ 83 ㉒ 43 ㉓ 51 ㉔ 78
㉕ 91

34~01
① 49 ② 38 ③ 14 ④ 53 ⑤ 79 ⑥ 23 ⑦ 48 ⑧ 55
⑨ 79 ⑩ 19 ⑪ 55 ⑫ 37 ⑬ 67 ⑭ 16 ⑮ 26 ⑯ 65
⑰ 78 ⑱ 88 ⑲ 26 ⑳ 47 ㉑ 39 ㉒ 65 ㉓ 84 ㉔ 27
㉕ 77

34~06
① 29 ② 33 ③ 57 ④ 49 ⑤ 19 ⑥ 79 ⑦ 68 ⑧ 29
⑨ 55 ⑩ 38 ⑪ 89 ⑫ 44 ⑬ 37 ⑭ 77 ⑮ 88 ⑯ 77
⑰ 68 ⑱ 57 ⑲ 14 ⑳ 26 ㉑ 68 ㉒ 13 ㉓ 46 ㉔ 56
㉕ 84

34~02
① 14 ② 46 ③ 29 ④ 88 ⑤ 38 ⑥ 85 ⑦ 55 ⑧ 19
⑨ 28 ⑩ 49 ⑪ 34 ⑫ 47 ⑬ 72 ⑭ 79 ⑮ 38 ⑯ 77
⑰ 26 ⑱ 69 ⑲ 55 ⑳ 45 ㉑ 18 ㉒ 66 ㉓ 67 ㉔ 57
㉕ 38

34~07
① 78 ② 33 ③ 23 ④ 48 ⑤ 69 ⑥ 36 ⑦ 79 ⑧ 19
⑨ 29 ⑩ 37 ⑪ 58 ⑫ 46 ⑬ 86 ⑭ 15 ⑮ 89 ⑯ 25
⑰ 42 ⑱ 17 ⑲ 77 ⑳ 89 ㉑ 66 ㉒ 58 ㉓ 86 ㉔ 55
㉕ 64

34~03
① 37 ② 17 ③ 26 ④ 59 ⑤ 66 ⑥ 28 ⑦ 83 ⑧ 19
⑨ 34 ⑩ 43 ⑪ 68 ⑫ 76 ⑬ 47 ⑭ 39 ⑮ 18 ⑯ 26
⑰ 54 ⑱ 44 ⑲ 89 ⑳ 87 ㉑ 79 ㉒ 72 ㉓ 67 ㉔ 56
㉕ 48

34~08
① 55 ② 77 ③ 88 ④ 48 ⑤ 18 ⑥ 29 ⑦ 39 ⑧ 18
⑨ 62 ⑩ 86 ⑪ 65 ⑫ 39 ⑬ 18 ⑭ 55 ⑮ 29 ⑯ 76
⑰ 55 ⑱ 47 ⑲ 26 ⑳ 67 ㉑ 58 ㉒ 74 ㉓ 47 ㉔ 84
㉕ 39

34~04
① 87 ② 59 ③ 28 ④ 19 ⑤ 63 ⑥ 19 ⑦ 37 ⑧ 23
⑨ 48 ⑩ 77 ⑪ 78 ⑫ 66 ⑬ 46 ⑭ 78 ⑮ 37 ⑯ 24
⑰ 86 ⑱ 57 ⑲ 45 ⑳ 35 ㉑ 75 ㉒ 18 ㉓ 59 ㉔ 89
㉕ 65

34~09
① 68 ② 89 ③ 42 ④ 27 ⑤ 38 ⑥ 39 ⑦ 73 ⑧ 29
⑨ 57 ⑩ 17 ⑪ 44 ⑫ 13 ⑬ 87 ⑭ 77 ⑮ 69 ⑯ 56
⑰ 88 ⑱ 26 ⑲ 67 ⑳ 14 ㉑ 48 ㉒ 75 ㉓ 34 ㉔ 28
㉕ 59

34~05
① 59 ② 85 ③ 45 ④ 38 ⑤ 26 ⑥ 39 ⑦ 12 ⑧ 18
⑨ 29 ⑩ 89 ⑪ 78 ⑫ 69 ⑬ 38 ⑭ 27 ⑮ 78 ⑯ 36
⑰ 57 ⑱ 65 ⑲ 86 ⑳ 47 ㉑ 54 ㉒ 74 ㉓ 67 ㉔ 16
㉕ 48

34~10
① 76 ② 26 ③ 38 ④ 16 ⑤ 49 ⑥ 75 ⑦ 29 ⑧ 67
⑨ 56 ⑩ 89 ⑪ 88 ⑫ 69 ⑬ 28 ⑭ 43 ⑮ 53 ⑯ 37
⑰ 15 ⑱ 65 ⑲ 17 ⑳ 88 ㉑ 74 ㉒ 49 ㉓ 14 ㉔ 56
㉕ 39

35~01
① 72 ② 62 ③ 40 ④ 91 ⑤ 93 ⑥ 83 ⑦ 90 ⑧ 52
⑨ 50 ⑩ 70 ⑪ 62 ⑫ 54 ⑬ 94 ⑭ 84 ⑮ 76 ⑯ 80
⑰ 96 ⑱ 91 ⑲ 72 ⑳ 74 ㉑ 94 ㉒ 82 ㉓ 66 ㉔ 82
㉕ 88

35~02
① 62 ② 85 ③ 93 ④ 80 ⑤ 54 ⑥ 71 ⑦ 71 ⑧ 61
⑨ 50 ⑩ 82 ⑪ 71 ⑫ 63 ⑬ 95 ⑭ 93 ⑮ 37 ⑯ 42
⑰ 93 ⑱ 71 ⑲ 85 ⑳ 60 ㉑ 97 ㉒ 91 ㉓ 71 ㉔ 55
㉕ 81

35~03
① 94 ② 73 ③ 74 ④ 41 ⑤ 92 ⑥ 96 ⑦ 60 ⑧ 62
⑨ 32 ⑩ 52 ⑪ 90 ⑫ 90 ⑬ 86 ⑭ 74 ⑮ 85 ⑯ 96
⑰ 64 ⑱ 84 ⑲ 53 ⑳ 68 ㉑ 72 ㉒ 82 ㉓ 82 ㉔ 73
㉕ 55

35~04
① 43 ② 96 ③ 63 ④ 82 ⑤ 74 ⑥ 60 ⑦ 70 ⑧ 92
⑨ 54 ⑩ 61 ⑪ 80 ⑫ 82 ⑬ 92 ⑭ 88 ⑮ 71 ⑯ 84
⑰ 82 ⑱ 54 ⑲ 90 ⑳ 76 ㉑ 72 ㉒ 96 ㉓ 60 ㉔ 94
㉕ 52

35~05
① 95 ② 90 ③ 71 ④ 82 ⑤ 82 ⑥ 61 ⑦ 71 ⑧ 63
⑨ 81 ⑩ 57 ⑪ 51 ⑫ 63 ⑬ 93 ⑭ 43 ⑮ 95 ⑯ 65
⑰ 75 ⑱ 34 ⑲ 81 ⑳ 93 ㉑ 81 ㉒ 71 ㉓ 77 ㉔ 93
㉕ 54

35~06
① 91 ② 91 ③ 61 ④ 53 ⑤ 90 ⑥ 71 ⑦ 90 ⑧ 91
⑨ 61 ⑩ 91 ⑪ 47 ⑫ 61 ⑬ 83 ⑭ 82 ⑮ 81 ⑯ 51
⑰ 61 ⑱ 91 ⑲ 71 ⑳ 90 ㉑ 71 ㉒ 93 ㉓ 71 ㉔ 55
㉕ 53

35~07
① 62 ② 51 ③ 91 ④ 81 ⑤ 81 ⑥ 41 ⑦ 72 ⑧ 84
⑨ 85 ⑩ 60 ⑪ 41 ⑫ 72 ⑬ 91 ⑭ 73 ⑮ 91 ⑯ 51
⑰ 61 ⑱ 82 ⑲ 81 ⑳ 70 ㉑ 80 ㉒ 81 ㉓ 41 ㉔ 93
㉕ 73

35~08
① 63 ② 80 ③ 70 ④ 90 ⑤ 62 ⑥ 62 ⑦ 43 ⑧ 90
⑨ 71 ⑩ 61 ⑪ 53 ⑫ 61 ⑬ 41 ⑭ 80 ⑮ 63 ⑯ 60
⑰ 60 ⑱ 91 ⑲ 71 ⑳ 84 ㉑ 91 ㉒ 71 ㉓ 70 ㉔ 70
㉕ 82

35~09
① 70 ② 63 ③ 51 ④ 73 ⑤ 81 ⑥ 81 ⑦ 91 ⑧ 64
⑨ 71 ⑩ 91 ⑪ 91 ⑫ 60 ⑬ 82 ⑭ 64 ⑮ 91 ⑯ 81
⑰ 70 ⑱ 82 ⑲ 81 ⑳ 61 ㉑ 81 ㉒ 84 ㉓ 81 ㉔ 62
㉕ 82

35~10
① 61 ② 81 ③ 83 ④ 90 ⑤ 83 ⑥ 82 ⑦ 81 ⑧ 91
⑨ 63 ⑩ 71 ⑪ 70 ⑫ 37 ⑬ 74 ⑭ 81 ⑮ 73 ⑯ 81
⑰ 82 ⑱ 81 ⑲ 67 ⑳ 72 ㉑ 81 ㉒ 90 ㉓ 84 ㉔ 91
㉕ 43

36~01
① 127 ② 128 ③ 126 ④ 116 ⑤ 104 ⑥ 145 ⑦ 137 ⑧ 135
⑨ 128 ⑩ 137 ⑪ 105 ⑫ 137 ⑬ 138 ⑭ 169 ⑮ 106 ⑯ 146
⑰ 108 ⑱ 116 ⑲ 133 ⑳ 125 ㉑ 118 ㉒ 108 ㉓ 128 ㉔ 189
㉕ 137

36~02
① 119 ② 129 ③ 119 ④ 109 ⑤ 144 ⑥ 118 ⑦ 129 ⑧ 116
⑨ 127 ⑩ 147 ⑪ 119 ⑫ 126 ⑬ 169 ⑭ 135 ⑮ 147 ⑯ 128
⑰ 108 ⑱ 106 ⑲ 119 ⑳ 147 ㉑ 108 ㉒ 127 ㉓ 148 ㉔ 147
㉕ 169

36~03
① 109 ② 135 ③ 118 ④ 157 ⑤ 118 ⑥ 136 ⑦ 107 ⑧ 138
⑨ 116 ⑩ 156 ⑪ 115 ⑫ 116 ⑬ 115 ⑭ 107 ⑮ 109 ⑯ 115
⑰ 126 ⑱ 119 ⑲ 109 ⑳ 159 ㉑ 125 ㉒ 109 ㉓ 116 ㉔ 128
㉕ 117

36~04
① 138 ② 108 ③ 119 ④ 158 ⑤ 174 ⑥ 133 ⑦ 118 ⑧ 109
⑨ 119 ⑩ 129 ⑪ 104 ⑫ 109 ⑬ 139 ⑭ 179 ⑮ 139 ⑯ 119
⑰ 117 ⑱ 109 ⑲ 138 ⑳ 116 ㉑ 118 ㉒ 117 ㉓ 117 ㉔ 128
㉕ 149

36~05
① 127 ② 126 ③ 145 ④ 119 ⑤ 115 ⑥ 107 ⑦ 126 ⑧ 138
⑨ 107 ⑩ 109 ⑪ 118 ⑫ 138 ⑬ 109 ⑭ 168 ⑮ 126 ⑯ 128
⑰ 117 ⑱ 125 ⑲ 108 ⑳ 137 ㉑ 158 ㉒ 159 ㉓ 109 ㉔ 109
㉕ 138

36~06
① 125 ② 117 ③ 166 ④ 109 ⑤ 149 ⑥ 109 ⑦ 108 ⑧ 113
⑨ 147 ⑩ 118 ⑪ 106 ⑫ 144 ⑬ 116 ⑭ 119 ⑮ 169 ⑯ 127
⑰ 149 ⑱ 127 ⑲ 123 ⑳ 126 ㉑ 135 ㉒ 137 ㉓ 126 ㉔ 187
㉕ 149

36~07
① 124 ② 149 ③ 107 ④ 128 ⑤ 116 ⑥ 118 ⑦ 108 ⑧ 126
⑨ 129 ⑩ 108 ⑪ 105 ⑫ 137 ⑬ 108 ⑭ 122 ⑮ 105 ⑯ 135
⑰ 169 ⑱ 118 ⑲ 126 ⑳ 109 ㉑ 149 ㉒ 117 ㉓ 125 ㉔ 108
㉕ 138

36~08
① 109 ② 156 ③ 138 ④ 118 ⑤ 117 ⑥ 118 ⑦ 149 ⑧ 107
⑨ 167 ⑩ 137 ⑪ 105 ⑫ 128 ⑬ 117 ⑭ 114 ⑮ 176 ⑯ 168
⑰ 117 ⑱ 128 ⑲ 106 ⑳ 115 ㉑ 118 ㉒ 108 ㉓ 125 ㉔ 147
㉕ 146

36~09
① 137 ② 137 ③ 117 ④ 124 ⑤ 109 ⑥ 123 ⑦ 116 ⑧ 115
⑨ 139 ⑩ 118 ⑪ 137 ⑫ 156 ⑬ 118 ⑭ 178 ⑮ 115 ⑯ 128
⑰ 105 ⑱ 125 ⑲ 137 ⑳ 147 ㉑ 134 ㉒ 118 ㉓ 119 ㉔ 108
㉕ 117

36~10
① 106 ② 139 ③ 118 ④ 149 ⑤ 109 ⑥ 156 ⑦ 126 ⑧ 109
⑨ 129 ⑩ 179 ⑪ 119 ⑫ 158 ⑬ 139 ⑭ 137 ⑮ 159 ⑯ 118
⑰ 138 ⑱ 135 ⑲ 119 ⑳ 138 ㉑ 118 ㉒ 159 ㉓ 119 ㉔ 128
㉕ 118

37~01
① 121 ② 130 ③ 161 ④ 112 ⑤ 112 ⑥ 171 ⑦ 120 ⑧ 114
⑨ 163 ⑩ 118 ⑪ 133 ⑫ 115 ⑬ 170 ⑭ 142 ⑮ 123 ⑯ 150
⑰ 144 ⑱ 141 ⑲ 134 ⑳ 135 ㉑ 144 ㉒ 137 ㉓ 123 ㉔ 170
㉕ 117

37~06
① 151 ② 152 ③ 124 ④ 123 ⑤ 113 ⑥ 141 ⑦ 130 ⑧ 140
⑨ 110 ⑩ 112 ⑪ 151 ⑫ 124 ⑬ 120 ⑭ 142 ⑮ 114 ⑯ 145
⑰ 162 ⑱ 143 ⑲ 156 ⑳ 167 ㉑ 170 ㉒ 171 ㉓ 137 ㉔ 135
㉕ 192

37~02
① 121 ② 112 ③ 122 ④ 130 ⑤ 123 ⑥ 151 ⑦ 130 ⑧ 142
⑨ 111 ⑩ 114 ⑪ 150 ⑫ 150 ⑬ 126 ⑭ 132 ⑮ 143 ⑯ 146
⑰ 115 ⑱ 165 ⑲ 164 ⑳ 183 ㉑ 156 ㉒ 192 ㉓ 111 ㉔ 144
㉕ 183

37~07
① 121 ② 112 ③ 113 ④ 132 ⑤ 125 ⑥ 114 ⑦ 140 ⑧ 131
⑨ 150 ⑩ 133 ⑪ 140 ⑫ 151 ⑬ 131 ⑭ 162 ⑮ 110 ⑯ 184
⑰ 143 ⑱ 171 ⑲ 126 ⑳ 175 ㉑ 160 ㉒ 135 ㉓ 148 ㉔ 180
㉕ 124

37~03
① 154 ② 123 ③ 132 ④ 121 ⑤ 142 ⑥ 154 ⑦ 113 ⑧ 120
⑨ 131 ⑩ 115 ⑪ 113 ⑫ 122 ⑬ 175 ⑭ 145 ⑮ 110 ⑯ 176
⑰ 140 ⑱ 190 ⑲ 171 ⑳ 117 ㉑ 141 ㉒ 124 ㉓ 137 ㉔ 195
㉕ 132

37~08
① 143 ② 112 ③ 154 ④ 117 ⑤ 164 ⑥ 150 ⑦ 113 ⑧ 153
⑨ 132 ⑩ 115 ⑪ 160 ⑫ 166 ⑬ 120 ⑭ 126 ⑮ 123 ⑯ 112
⑰ 134 ⑱ 132 ⑲ 141 ⑳ 174 ㉑ 110 ㉒ 191 ㉓ 121 ㉔ 127
㉕ 143

37~04
① 113 ② 151 ③ 160 ④ 134 ⑤ 113 ⑥ 112 ⑦ 131 ⑧ 171
⑨ 130 ⑩ 163 ⑪ 146 ⑫ 124 ⑬ 142 ⑭ 142 ⑮ 120 ⑯ 151
⑰ 162 ⑱ 150 ⑲ 116 ⑳ 160 ㉑ 136 ㉒ 183 ㉓ 128 ㉔ 185
㉕ 123

37~09
① 111 ② 150 ③ 131 ④ 135 ⑤ 112 ⑥ 162 ⑦ 155 ⑧ 130
⑨ 143 ⑩ 110 ⑪ 165 ⑫ 120 ⑬ 170 ⑭ 141 ⑮ 124 ⑯ 138
⑰ 112 ⑱ 181 ⑲ 134 ⑳ 180 ㉑ 123 ㉒ 146 ㉓ 174 ㉔ 121
㉕ 153

37~05
① 132 ② 124 ③ 111 ④ 166 ⑤ 111 ⑥ 112 ⑦ 133 ⑧ 143
⑨ 131 ⑩ 130 ⑪ 150 ⑫ 134 ⑬ 125 ⑭ 146 ⑮ 151 ⑯ 155
⑰ 162 ⑱ 116 ⑲ 181 ⑳ 110 ㉑ 123 ㉒ 128 ㉓ 163 ㉔ 180
㉕ 174

37~10
① 124 ② 162 ③ 112 ④ 153 ⑤ 160 ⑥ 113 ⑦ 162 ⑧ 111
⑨ 152 ⑩ 127 ⑪ 126 ⑫ 110 ⑬ 130 ⑭ 172 ⑮ 131 ⑯ 112
⑰ 123 ⑱ 145 ⑲ 140 ⑳ 116 ㉑ 147 ㉒ 131 ㉓ 154 ㉔ 195
㉕ 125

38~01
① 132 ② 131 ③ 160 ④ 167 ⑤ 142 ⑥ 172 ⑦ 110 ⑧ 125
⑨ 130 ⑩ 123 ⑪ 140 ⑫ 134 ⑬ 131 ⑭ 143 ⑮ 111 ⑯ 121
⑰ 150 ⑱ 114 ⑲ 174 ⑳ 148 ㉑ 115 ㉒ 173 ㉓ 117 ㉔ 114
㉕ 123

38~02
① 142 ② 183 ③ 140 ④ 182 ⑤ 163 ⑥ 136 ⑦ 113 ⑧ 144
⑨ 113 ⑩ 161 ⑪ 154 ⑫ 192 ⑬ 121 ⑭ 150 ⑮ 125 ⑯ 112
⑰ 111 ⑱ 150 ⑲ 130 ⑳ 116 ㉑ 125 ㉒ 131 ㉓ 124 ㉔ 156
㉕ 142

38~03
① 111 ② 133 ③ 172 ④ 132 ⑤ 115 ⑥ 125 ⑦ 134 ⑧ 191
⑨ 121 ⑩ 142 ⑪ 176 ⑫ 152 ⑬ 110 ⑭ 127 ⑮ 144 ⑯ 123
⑰ 110 ⑱ 145 ⑲ 144 ⑳ 177 ㉑ 113 ㉒ 195 ㉓ 150 ㉔ 120
㉕ 131

38~04
① 114 ② 123 ③ 163 ④ 144 ⑤ 183 ⑥ 118 ⑦ 160 ⑧ 163
⑨ 120 ⑩ 161 ⑪ 140 ⑫ 152 ⑬ 183 ⑭ 132 ⑮ 136 ⑯ 121
⑰ 140 ⑱ 155 ⑲ 111 ⑳ 150 ㉑ 136 ㉒ 122 ㉓ 132 ㉔ 111
㉕ 176

38~05
① 124 ② 130 ③ 113 ④ 165 ⑤ 164 ⑥ 130 ⑦ 128 ⑧ 116
⑨ 111 ⑩ 180 ⑪ 151 ⑫ 121 ⑬ 141 ⑭ 126 ⑮ 182 ⑯ 164
⑰ 115 ⑱ 143 ⑲ 133 ⑳ 150 ㉑ 132 ㉒ 112 ㉓ 151 ㉔ 133
㉕ 106

38~06
① 136 ② 113 ③ 120 ④ 143 ⑤ 132 ⑥ 175 ⑦ 141 ⑧ 150
⑨ 172 ⑩ 124 ⑪ 151 ⑫ 110 ⑬ 165 ⑭ 192 ⑮ 147 ⑯ 114
⑰ 147 ⑱ 110 ⑲ 151 ⑳ 120 ㉑ 162 ㉒ 132 ㉓ 153 ㉔ 141
㉕ 124

38~07
① 135 ② 174 ③ 162 ④ 121 ⑤ 135 ⑥ 156 ⑦ 122 ⑧ 150
⑨ 130 ⑩ 174 ⑪ 111 ⑫ 118 ⑬ 120 ⑭ 130 ⑮ 161 ⑯ 112
⑰ 141 ⑱ 143 ⑲ 141 ⑳ 143 ㉑ 180 ㉒ 133 ㉓ 180 ㉔ 114
㉕ 125

38~08
① 123 ② 162 ③ 174 ④ 124 ⑤ 130 ⑥ 150 ⑦ 141 ⑧ 122
⑨ 116 ⑩ 141 ⑪ 112 ⑫ 113 ⑬ 143 ⑭ 137 ⑮ 121 ⑯ 150
⑰ 164 ⑱ 116 ⑲ 112 ⑳ 197 ㉑ 134 ㉒ 160 ㉓ 151 ㉔ 125
㉕ 113

38~09
① 121 ② 155 ③ 160 ④ 124 ⑤ 152 ⑥ 114 ⑦ 141 ⑧ 171
⑨ 170 ⑩ 115 ⑪ 131 ⑫ 130 ⑬ 123 ⑭ 111 ⑮ 135 ⑯ 120
⑰ 113 ⑱ 138 ⑲ 160 ⑳ 154 ㉑ 140 ㉒ 132 ㉓ 142 ㉔ 183
㉕ 186

38~10
① 135 ② 112 ③ 136 ④ 173 ⑤ 145 ⑥ 110 ⑦ 152 ⑧ 133
⑨ 141 ⑩ 193 ⑪ 116 ⑫ 120 ⑬ 121 ⑭ 114 ⑮ 123 ⑯ 140
⑰ 112 ⑱ 161 ⑲ 164 ⑳ 157 ㉑ 160 ㉒ 115 ㉓ 152 ㉔ 122
㉕ 122

5분 문장제　　　　자연수의 덧셈과 뺄셈 (실력)

1　진호 나이는 18살이고, 동생은 12살입니다. 동생이 10살일 때 진호는 몇 살이었습니까?

식 :　　　　　　　　　　답 :　　　살

2.　원호네 반에는 남학생이 28명, 여학생이 21명 있습니다. 원호네 반 학생은 모두 몇 명입니까?

식 :　　　　　　　　　　답 :　　　명

3.　다은이가 집에서 학교까지 버스로 가면 27분, 승용차로 가면 13분 걸립니다. 집에서 학교까지 승용차로 가면 몇 분을 절약할 수 있습니까?

식 :　　　　　　　　　　답 :　　　분

5분 문장제	자연수의 덧셈과 뺄셈 (실력)

5분 문장제　　자연수의 덧셈과 뺄셈 (실력)

10. 배나무에 배 47개가 열렸습니다. 오늘 배 9개가 떨어졌다면, 배나무에 남아 있는 배는 몇 개입니까?

식: 답: 개

11. 준희는 연필을 16자루, 색연필을 7자루 가지고 있습니다. 준희가 가지고 있는 연필과 색연필은 모두 몇 자루입니까?

식: 답: 자루

12. 어떤 수에 6을 더하면 35보다 4만큼 더 큽니다. 어떤 수는 얼마입니까?

식: 답:

5분 문장제　　　자연수의 덧셈과 뺄셈 (실력)

13. 지은이는 스티커 54장을 가지고 있는데 인선이 에게 5장을 주었습니다. 지은이에게 남아 있는 스티커는 몇 장입니까?

식 :　　　　　　　　　　　　답 :　　　장

14. 자전거 가게에 자전거 31대가 있었습니다. 그 중에서 8대를 팔았습니다. 자전거 가게에 남아 있는 자전거는 몇 대입니까?

식 :　　　　　　　　　　　　답 :　　　대

15. 유람선에 승객 64명이 타고 있었습니다. 9명이 내리고 나면 유람선에 남아 있는 승객은 몇 명입 니까?

식 :　　　　　　　　　　　　답 :　　　명

5분 문장제   자연수의 덧셈과 뺄셈 (실력)

16. 진호는 구슬 94개가 든 주머니를 가지고 있었습니다. 그 중 8개를 연아에게 주었습니다. 주머니에 남아 있는 구슬은 몇 개입니까?

     식: 답: 개

17. 경수는 돼지 저금통에 어제 35원을 저축하고, 오늘은 어제보다 10원을 더 저축하였습니다. 경수가 돼지 저금통에 저축한 돈은 모두 얼마입니까?

     식: 답: 원

18. 상자 안에 사탕이 24개 들어 있습니다. 38개를 더 넣으면 상자 안에 든 사탕은 모두 몇 개입니까?

     식: 답: 개

19. 영화관에 관람객 69명이 있었는데, 19명이 더 왔습니다. 영화관에 있는 관람객은 모두 몇 명입니까?

식 :   답 :   명

20. 아버지 연세는 38세이시고, 할머니는 아버지보다 36세 더 많으십니다. 할머니의 연세는 몇 세입니까?

식 :   답 :   세

21. 준호는 주황색 테이프 74 cm와 하늘색 테이프 53 cm를 가지고 있습니다. 준호가 가진 색 테이프는 모두 몇 cm입니까?

식 :   답 :   cm

22. 기차에 어른 94명, 아이 24명이 타고 있습니다. 기차에 타고 있는 어른은 아이보다 몇 명 더 많습니까?

식 : 　　　　　　　　　　　답 : 　　　명

23. 축구 경기장에 관중이 54명, 농구 경기장에 관중이 74명 있습니다. 경기장에 있는 관중은 모두 몇 명입니까?

식 : 　　　　　　　　　　　답 : 　　　명

24. 기차에 승객 57명이 타고 있었습니다. 첫 번째 역에서 18명이 내리고, 9명이 탔습니다. 두 번째 역에서 21명 내렸다면 기차에 타고 있는 승객은 몇 명입니까?

식 : 　　　　　　　　　　　답 : 　　　명

25. 흥수는 위인전을 43권, 동화책을 78권 가지고
    있습니다. 흥수가 가진 책은 모두 몇 권입니까?

    식 :　　　　　　　　　　　　답 :　　　권

26. 인재는 매일 바나나를 사서 18개를 원숭이에게
    주고 나머지는 코끼리에게 주었습니다. 어제는
    34개를 사고, 오늘은 46개를 샀습니다. 어제와
    오늘 코끼리가 먹은 바나나는 몇 개입니까?

    식 :　　　　　　　　　　　　답 :　　　개

27. 우상이는 시험에서 국어는 99점, 사회는 71점
    을 받았습니다. 국어 성적은 사회 성적보다 몇
    점을 더 받았습니까?

    식 :　　　　　　　　　　　　답 :　　　점

5분 문장제 　　　자연수의 덧셈과 뺄셈 (실력)

28. 유진이는 어제 책을 69쪽, 오늘 48쪽을 읽었습
니다. 유진이가 어제와 오늘 읽은 책은 모두 몇
쪽입니까?

　　식: 　　　　　　　　　　　답: 　　　쪽

29. 연못 속에 잉어가 82마리, 개구리가 49마리 있
습니다. 연못 속에 살고 있는 잉어와 개구리는
모두 몇 마리입니까?

　　식: 　　　　　　　　　　　답: 　　　마리

30. 동물원에 기린 45마리와 코끼리가 있습니다. 코
끼리는 기린보다 19마리가 더 많습니다. 동물원
에 기린과 코끼리는 모두 몇 마리입니까?

　　식: 　　　　　　　　　　　답: 　　　마리

31. 현중이는 종이학 52마리를 접었고, 혜정이는 현중이보다 39마리를 더 접었습니다. 두 사람이 접은 종이학은 모두 몇 마리입니까?

    식: 답: 마리

32. 과수원에서 사과 53상자, 배는 사과보다 5상자 적게 수확을 했습니다. 과수원에서 수확한 사과와 배는 모두 몇 상자입니까?

    식: 답: 상자

33. 햄버거 가게에서 햄버거를 84개, 콜라를 66개 팔았습니다. 햄버거는 콜라보다 몇 개 더 팔았습니까?

    식: 답: 개

5분 문장제	자연수의 덧셈과 뺄셈 (실력)

34. 체육관에 공 62개가 있었습니다. 학생들이 28개를 가져갔습니다. 체육관에 남아 있는 공은 몇 개입니까?

식 :　　　　　　　　　　　　　　답 :　　　　개

35. 어느 숲 속에 토끼 37마리와 다람쥐가 살고 있었습니다. 다람쥐는 토끼보다 13마리 적습니다. 숲 속에 있는 토끼와 다람쥐는 모두 몇 마리입니까?

식 :　　　　　　　　　　　　　　답 :　　　　마리

36. 스티커를 32장 모으면 선생님께서 선물을 주신다고 합니다. 지원이가 스티커를 15장 모았다면, 몇 장을 더 모아야 선물을 받을 수 있습니까?

식 :　　　　　　　　　　　　　　답 :　　　　장

5분 문장제	자연수의 덧셈과 뺄셈 (실력)

37. 풍선 51개로 장식을 했습니다. 그런데 32개가 바람에 날아가고, 11개가 터졌습니다. 남아 있는 풍선은 몇 개입니까?

식: 답: 개

38. KTX에 승객 94명이 타고 있습니다. 대전역에서 13명 타고 29명이 내렸습니다. KTX에 타고 있는 승객은 몇 명입니까?

식: 답: 명

39. 유민이는 이번 시험에서 83점을 받고, 민재는 영재보다 4점을 더 받았습니다. 영재가 94점이라면 민재는 유민이보다 몇 점을 더 받았습니까?

식: 답: 점

40. 딸기잼을 한 병 만드는 데 딸기 76개가 필요하다고 합니다. 딸기 48개를 가지고 있다면, 딸기 잼 한 병을 만들기 위해서 더 필요한 딸기는 몇 개입니까?

식 :　　　　　　　　　　　　답 :　　　개

41. 희진이는 구슬 82개를 가지고 있었는데, 구슬 치기를 하여 구슬 47개를 잃었습니다. 희진이에게 남은 구슬은 몇 개입니까?

식 :　　　　　　　　　　　　답 :　　　개

42. 영희는 75분 동안 게임을 했는데, 그 사이에 10분 동안 청소를 하고, 6분 동안 심부름을 했습니다. 영희는 몇 분 동안 게임을 했습니까?

식 :　　　　　　　　　　　　답 :　　　분

① 식 18 - (12 - 10) = 16
　 답 16

② 식 28 + 21 = 49
　 답 49

③ 식 27 - 13 = 14
　 답 14

④ 식 (68 - 25) - 35 = 8
　 답 8

⑤ 식 64 - (21 + 3) = 40
　 답 40

⑥ 식 49 - 17 = 32
　 답 32

⑦ 식 49 + (49 - 4) = 94
　 답 94

⑧ 식 28 - (13 - 6) = 9
　 답 9

⑨ 식 52 - 7 = 45
　 답 45

⑩ 식 47 - 9 = 38
　 답 38

⑪ 식 16 + 7 = 23
　 답 23

⑫ 식 35 + 4 - 6 = 33
　 답 33

⑬ 식 54 - 5 = 49
　 답 49

⑭ 식 31 - 8 = 23
　 답 23

⑮ 식 64 - 9 = 55
　 답 55

⑯ 식 94 - 8 = 86
　 답 86

⑰ 식 35 + (35 - 10) = 80
　 답 80

⑱ 식 24 + 38 = 62
　 답 62

⑲ 식 69 + 19 = 88
　 답 88

⑳ 식 38 + 36 = 74
　 답 74

㉑ 식 74 + 53 = 127
　　답 127

㉒ 식 94 − 24 = 70
　　답 70

㉓ 식 54 + 74 = 128
　　답 128

㉔ 식 57 − 18 + 9 − 21 = 27
　　답 27

㉕ 식 43 + 78 = 121
　　답 121

㉖ 식 (34 − 18) + (46 − 18) = 44
　　답 44

㉗ 식 99 − 71 = 28
　　답 28

㉘ 식 69 + 48 = 117
　　답 117

㉙ 식 82 + 49 = 131
　　답 131

㉚ 식 45 + (45 + 19) = 109
　　답 109

㉛ 식 52 + (52 − 39) = 143
　　답 143

㉜ 식 53 + (53 − 5) = 101
　　답 101

㉝ 식 84 − 66 = 18
　　답 18

㉞ 식 62 − 28 = 34
　　답 34

㉟ 식 37 + (37 − 13) = 61
　　답 61

㊱ 식 32 − 15 = 17
　　답 17

㊲ 식 51 − 32 − 11 = 8
　　답 8

㊳ 식 94 + 13 − 29 = 78
　　답 78

㊴ 식 (94 + 4) − 83 = 15
　　답 15

㊵ 식 76 − 48 = 28
　　답 28

㊶ 식 82 − 47 = 35
　　답 35

㊷ 식 75 − (10 + 6) = 59
　　답 59

39~01
① 18 ② 34 ③ 25 ④ 66 ⑤ 16 ⑥ 17 ⑦ 43 ⑧ 25
⑨ 41 ⑩ 49 ⑪ 18 ⑫ 32 ⑬ 77 ⑭ 56 ⑮ 19 ⑯ 24
⑰ 69 ⑱ 9 ⑲ 45 ⑳ 9 ㉑ 17 ㉒ 16 ㉓ 27 ㉔ 38
㉕ 8

39~02
① 39 ② 59 ③ 53 ④ 7 ⑤ 14 ⑥ 4 ⑦ 37 ⑧ 43
⑨ 5 ⑩ 27 ⑪ 36 ⑫ 32 ⑬ 46 ⑭ 8 ⑮ 26 ⑯ 36
⑰ 48 ⑱ 28 ⑲ 59 ⑳ 18 ㉑ 27 ㉒ 5 ㉓ 18 ㉔ 16
㉕ 28

39~03
① 26 ② 6 ③ 46 ④ 46 ⑤ 19 ⑥ 8 ⑦ 15 ⑧ 55
⑨ 37 ⑩ 48 ⑪ 18 ⑫ 23 ⑬ 69 ⑭ 22 ⑮ 64 ⑯ 11
⑰ 27 ⑱ 39 ⑲ 37 ⑳ 48 ㉑ 24 ㉒ 79 ㉓ 17 ㉔ 13
㉕ 9

39~04
① 16 ② 35 ③ 68 ④ 12 ⑤ 7 ⑥ 29 ⑦ 53 ⑧ 5
⑨ 39 ⑩ 58 ⑪ 27 ⑫ 58 ⑬ 14 ⑭ 34 ⑮ 9 ⑯ 16
⑰ 5 ⑱ 25 ⑲ 27 ⑳ 29 ㉑ 7 ㉒ 18 ㉓ 7 ㉔ 48
㉕ 39

39~05
① 57 ② 56 ③ 13 ④ 17 ⑤ 18 ⑥ 46 ⑦ 27 ⑧ 44
⑨ 24 ⑩ 19 ⑪ 25 ⑫ 47 ⑬ 38 ⑭ 13 ⑮ 69 ⑯ 24
⑰ 51 ⑱ 37 ⑲ 26 ⑳ 9 ㉑ 38 ㉒ 16 ㉓ 5 ㉔ 29
㉕ 38

39~06
① 37 ② 15 ③ 25 ④ 35 ⑤ 9 ⑥ 24 ⑦ 28 ⑧ 6
⑨ 27 ⑩ 68 ⑪ 52 ⑫ 48 ⑬ 32 ⑭ 19 ⑮ 19 ⑯ 43
⑰ 35 ⑱ 18 ⑲ 69 ⑳ 14 ㉑ 17 ㉒ 19 ㉓ 28 ㉔ 44
㉕ 56

39~07
① 38 ② 14 ③ 29 ④ 4 ⑤ 38 ⑥ 17 ⑦ 37 ⑧ 42
⑨ 18 ⑩ 29 ⑪ 63 ⑫ 23 ⑬ 35 ⑭ 25 ⑮ 56 ⑯ 39
⑰ 24 ⑱ 15 ⑲ 57 ⑳ 7 ㉑ 15 ㉒ 18 ㉓ 77 ㉔ 48
㉕ 49

39~08
① 38 ② 37 ③ 6 ④ 67 ⑤ 18 ⑥ 22 ⑦ 55 ⑧ 54
⑨ 24 ⑩ 48 ⑪ 49 ⑫ 7 ⑬ 29 ⑭ 45 ⑮ 11 ⑯ 46
⑰ 18 ⑱ 38 ⑲ 16 ⑳ 13 ㉑ 26 ㉒ 3 ㉓ 39 ㉔ 29
㉕ 19

39~09
① 18 ② 46 ③ 45 ④ 23 ⑤ 68 ⑥ 15 ⑦ 54 ⑧ 54
⑨ 53 ⑩ 37 ⑪ 12 ⑫ 14 ⑬ 27 ⑭ 48 ⑮ 37 ⑯ 17
⑰ 8 ⑱ 39 ⑲ 36 ⑳ 29 ㉑ 19 ㉒ 27 ㉓ 9 ㉔ 25
㉕ 28

39~10
① 49 ② 66 ③ 27 ④ 11 ⑤ 59 ⑥ 42 ⑦ 5 ⑧ 44
⑨ 15 ⑩ 17 ⑪ 28 ⑫ 28 ⑬ 33 ⑭ 66 ⑮ 36 ⑯ 16
⑰ 56 ⑱ 26 ⑲ 39 ⑳ 17 ㉑ 17 ㉒ 39 ㉓ 19 ㉔ 28
㉕ 7

40~01
①28 ②47 ③54 ④13 ⑤49 ⑥7 ⑦43 ⑧45
⑨58 ⑩18 ⑪36 ⑫35 ⑬35 ⑭26 ⑮18 ⑯6
⑰26 ⑱67 ⑲78 ⑳38 ㉑16 ㉒27 ㉓19 ㉔27
㉕14

40~06
①34 ②35 ③19 ④17 ⑤38 ⑥46 ⑦58 ⑧6
⑨15 ⑩65 ⑪43 ⑫57 ⑬12 ⑭8 ⑮26 ⑯38
⑰47 ⑱26 ⑲25 ⑳19 ㉑14 ㉒28 ㉓68 ㉔27
㉕37

40~02
①18 ②37 ③38 ④38 ⑤47 ⑥47 ⑦8 ⑧36
⑨35 ⑩24 ⑪65 ⑫26 ⑬29 ⑭23 ⑮68 ⑯54
⑰25 ⑱17 ⑲58 ⑳19 ㉑16 ㉒42 ㉓15 ㉔6
㉕17

40~07
①37 ②18 ③9 ④17 ⑤23 ⑥24 ⑦28 ⑧49
⑨14 ⑩48 ⑪66 ⑫35 ⑬5 ⑭35 ⑮59 ⑯28
⑰56 ⑱26 ⑲48 ⑳16 ㉑34 ㉒17 ㉓58 ㉔17
㉕17

40~03
①39 ②16 ③27 ④48 ⑤4 ⑥15 ⑦8 ⑧57
⑨49 ⑩35 ⑪13 ⑫44 ⑬28 ⑭17 ⑮65 ⑯38
⑰56 ⑱16 ⑲28 ⑳16 ㉑34 ㉒27 ㉓17 ㉔28
㉕59

40~08
①28 ②46 ③49 ④36 ⑤35 ⑥35 ⑦23 ⑧28
⑨55 ⑩4 ⑪69 ⑫38 ⑬3 ⑭17 ⑮6 ⑯28
⑰17 ⑱27 ⑲56 ⑳18 ㉑17 ㉒19 ㉓48 ㉔9
㉕16

40~04
①47 ②17 ③15 ④57 ⑤29 ⑥6 ⑦46 ⑧68
⑨28 ⑩33 ⑪57 ⑫4 ⑬14 ⑭38 ⑮27 ⑯16
⑰6 ⑱29 ⑲48 ⑳27 ㉑18 ㉒35 ㉓35 ㉔18
㉕28

40~09
①5 ②36 ③19 ④45 ⑤56 ⑥48 ⑦29 ⑧44
⑨32 ⑩17 ⑪25 ⑫5 ⑬38 ⑭27 ⑮69 ⑯34
⑰56 ⑱18 ⑲69 ⑳18 ㉑17 ㉒24 ㉓19 ㉔47
㉕27

40~05
①23 ②69 ③5 ④45 ⑤19 ⑥25 ⑦34 ⑧56
⑨34 ⑩58 ⑪26 ⑫46 ⑬46 ⑭43 ⑮18 ⑯16
⑰38 ⑱17 ⑲38 ⑳18 ㉑17 ㉒27 ㉓77 ㉔7
㉕28

40~10
①26 ②6 ③68 ④26 ⑤56 ⑥23 ⑦77 ⑧18
⑨49 ⑩19 ⑪7 ⑫57 ⑬34 ⑭38 ⑮17 ⑯38
⑰39 ⑱49 ⑲44 ⑳28 ㉑17 ㉒25 ㉓17 ㉔38
㉕13